TOP

的 **88** 個銷售秘笈

& **57** 個圖解行銷

SALES

自序

從事銷售與行銷教育工作二十多年來
我一直深信**～戴晨志老師的一句話～**也是我的座右銘

「用力，自己知道；用心，別人看到。」

這對多年銷售成敗領悟的我，頗有淺見提供讀者參酌切磋：

→用力～就是為自己銷售做好準備；為自己專業做好準備。簡單說
「用力」→就是做好前置準備工作
→只是技能的養成而已
→只是對自己交待而已
→只是對自己負責而已
→記住～目前你和銷售還沒有產生交集；你和客戶還沒有發生關係～

→所以目前不用抱怨自己命歹；更無理由埋怨客戶無情
有不少銷售者都有這樣的糾結困擾，我努力工作，我不斷學習，我自認專業，但客戶為什麼就是不會買單？！

不怕沒能力　就怕沒人理
→能力是條件，生存力是關鍵
→生存力 = 社會關係適應能力 = 社交力
→過去學校成績最優的，不代表未來社會適應力是最強的
我有一個國立大學財金碩士學員，任職銀行理專，專業不成問題，但個性寡言、面無笑容，一付厚重鏡框學究派，成績當然難以突出。
他上我課時，希望我能給他一些改善建議！我要求他改戴隱形眼鏡、笑容多一些！他猶豫的回答：「老師！我戴隱形眼鏡會過敏，而且我主動笑起來，自己都會覺得假假不自在！」他接著說：「老師！還有沒有其他辦法？」

既然花了錢來上我課，態度又非常誠懇，我不希望他失望而回！立馬幫他想了個點子～
我要求在他的理專櫃台前放一個小立牌，上面寫著：「面目呆板非我所願；滿腦專業值你所選」，不到半年，客戶增加了，互動頻繁了，業績扶搖直上，連同個性也「被動感染」開朗了起來。

我是花一朵　藏在家裡頭「孤芳自賞」沒人懂
→「懷才」就像「懷孕」　重點是要別人看得出來
→走出去　多曝光　讓更多人認識你　知道你

曾經有一位美容師懊惱問我，她把美容院裝潢得典雅時尚，重點是每日早上 9 點準時開門，直到晚上 9 點才打烊，而且休假就去學技能，這麼努力，不曾鬆懈，為什麼生意都做不好？我只丟給她一個問題？
「妳知道妳左邊第十家店，是什麼店嗎？」她 5 分鐘內無法肯定回答我。 我接著問：「那妳能在 5 分鐘答覆我附近三十家店名及老闆娘名嗎？」
她更是一陣錯愕！
我建議她先做好「敦親睦鄰」，首要功課用半年的時間主動拜訪周遭店家，一定要做到～
「妳能喊出她的名：對方也能喊出妳的名」的基本要件，累積達三十家店家目標以上，屆時妳就會有不同感受了。
三個月後，這位美容師傳訊息給我，感謝我為她找出經營方向，雖還未達成三十個店家名單，生意卻已明顯好轉，整個店更充滿生氣！更結交不少好朋友，這是三個月前，她不敢想像的情景！

以上兩個案例，都是覺得自己努力過了，為什麼得不到應該有的結果！為什麼得不到老天爺的垂愛！
其實他們已經做好銷售準備（用力）了，現在該做的是如何「用心」把自己、把產品銷售（分享）出去而已，
所以，此時此刻千萬不要放棄銷售，否則過去的努力都白費了，本該是「事半功倍」的時刻，換來的卻是「徒勞無功」的感嘆！對銷售工作敬而遠之，相當可惜！

自序

開店的目的是**「廣結人源 ，招攬貴客」**，絕非**「孤芳自賞」，曝光自己，讓別人看到、聽到、感受到是絕對關鍵。想要坐以待「幣」，別弄巧成拙成坐以待「斃」才是。**

「成功者必經過努力；而努力者卻未必成功」

「方向不對；努力白費」

再次強調：「用力」只是銷售者的前置作業；重點在於壯大個人的銷售專業，「專業是產品銷售的靠山」，想當然爾也歸屬於銷售的一環。

接下來才會進入銷售互動的「真功夫」環節，也就是讓客戶如何看到你；如何發覺你；如何喜歡你；如何認同你。這就得靠「用心」二字來著墨了

「用心」→前提是先對自己「用心」

@ 首先你必須要知道，業績是走出來的（勤能補拙）

→出路出路走出大門就有路

→困難困難困在家裡就是難

→先跨出心門　再邁出家門

→業績不會主動來敲門

「走出去，說出來，把錢收回來」，這句話是二十七年前，保險業務主管給我的第一個業務執行準則，我也奉為圭臬，對於一個菜鳥業務而言，「走出去」是最困難的，碰壁、拒絕乃是「家常便飯」。不！這樣說還不夠精準，應該說是碰壁、拒絕「照三餐伺候」。「碰壁當吃補，拒絕當訓練」，這本就是業務工作者的該有的內化能力（如果你真有持續拜訪客戶的話）。

假使三個月的業務適應期，你不能有這樣的體認，也不願調整改變，銷售產業就不是上蒼付予你的使命。不用勉強，錯也不在你，與其在這裡受苦受難，還不如早日脫離苦海，另尋適才適所的康莊大道！

所以「走出去」要有強大的心理建設與作為

@「腳步機械化」～勤快拜訪，走出自己的每個可能

→客戶是走出來的不是等出來的

→走出去　多曝光　讓更多人認識你

主動碰觸每個可能有產品需求的對象，無論是緣故、陌生，我們都該主動拜訪，先不考慮成敗，只求創造累積次數（經驗）。你必須深信「成功來自經驗次數」，累積銷售、拜訪、溝通（不論成交與否）次數，就是累積提高未來成功率的重要經驗。

@「臉部城牆化」～排解「尷尬情愫」，也不會覺得自己「厚臉皮」

～讓親朋好友參與我們的「銷售訓練」～

緣故對象：很多剛開始從事銷售的夥伴，是不願意（應該是不敢吧！）對親朋好友做銷售，深怕壞了交情，還拍胸立志「只做陌生人」，最後的結果是～大批的業務新手，七成以上三個月內陣亡～

「親朋好友」絕對是訓練我們「銷售表達」最重要的對象，主動要求他們給予訓練精進的機會，如果我們能抱持這種心態，就不會有太多「尷尬情愫」，也不會覺得自己「厚臉皮」。

緣故銷售技巧→轉移「尷尬情愫」

相反的，如果我們認同產品、如果我們深信產品會為他帶來利益；如果我們闡述產品需求明顯，親朋好友也認為有所需求，屆時如果不相挺，「尷尬情愫」反而成為他們的壓力，你倒可以輕鬆面對他們的「抉擇」！

無論結果如何，別忘了感謝他們給我們的訓練機會！最重要的，也讓他們知道我們現正從事什麼產品銷售，真有該產品需求時，不該也不能忽略我們的存在！這也是我們圈劃地盤的積極作為。

～新人～別對陌生人銷售～

陌生對象：如果你是一位業務菜鳥（新人），而且又容易內心受挫，我不會鼓勵你「銷售」全然的陌生人。聽明白了嗎？我說的是「銷售全然的陌生人」，銷售全然的陌生人，其實就是讓自己處於挫敗逆境的最快方式（訓練膽量除外）。

想想看，我們會給一位不曾謀面的銷售者，一個直接了當的機會嗎？很難吧？就算

自序

有意願，也會給一個模稜兩可的迴旋空間是吧？這就是自我保護的人性，你我皆然。全然的陌生關係別談銷售，談了也是白談，我們永遠無法了解產品對他的需求狀況，他也難以給我們直接介入的空間，白花心思、徒勞無功而已。
相信成交數據，「全然陌生關係」永不隸屬於「成交區域」。

「陌生市場」是「緣故對象」的來源開墾寶地

我不是否定「開發」陌生對象，而是不鼓勵你直接「銷售」陌生對象，我們大多不是具備強大魅力及吸引特質的「Top Sales」，如果無法一次成交，個案可能就無疾而終。
「陌生市場」應該是一個機緣開發名單的來源市場（儲備客源），譬如公車上坐你身旁的人、市場裡賣菜給你的老闆娘、你小朋友同學的家長等等……這些對象也都是老天爺安排在你生活周遭該接觸的人，只是你想保持泛泛之交還是進階相識的差別。
「陌生市場」更是緣故轉介的延伸市場，而「轉介紹」經營的成功與否，會加快銷售的速度和提高成交的比率，更直接判定你銷售事業（工作）優劣。
所以「陌生市場」是客戶的來源市場，但絕不會是銷售成交殺戮的市場。
所有陌生對象一定要在「陌生緣故化」之後，才可能進入銷售行為階段，只是如何加快「陌生緣故化」的速度及量化，就仰賴個人的銷售能耐了。
→該如何用心找到我的「客戶」？
→我該如何用心讓客戶看到我？
→我該如何用心讓客戶喜歡我？

→就是挖掘客戶真實需求並找到解除的方法
→以「同理心」創造客戶消費的等值滿足
→「好服務」創造好口碑

「金盃、銀盃，不如別人的口碑；金獎、銀獎，不如別人的誇獎。」
站在台上與聽眾們演講、分享，是我的工作，我必須盡可能地把各個環節都做好。
因為，「口碑」很重要。
口碑好，別人才能為我們「口耳相傳」。

「口碑」就是自我品牌，我們都要努力、用心擦亮自我品牌。

末了，再送各位讀者「銷售八訣」
為自己找信心～我懂所以我會說
為自己找感覺～我用所以我敢講
為銷售創情境～風趣　快樂　感性　愧疚
為銷售找理由～需求　必要　實用　情誼
為產品寫故事～歷史　見證　軼事　趣聞
為產品做代言～感受　實證　改變　興奮
為客戶創願景～理想　期望　效果　改變
為客戶下決定～支援　鼓勵　協助　肯定

銷售是一定是要下市場「學功夫」，是無法閉門造車！
這本書我寫了 88 個銷售祕笈，還劃了不少圖表，因為我
個人覺得「圖表」是最簡單體悟我要表達的內涵，過去的
成功經驗，你可以模仿學習，學會了、學像了，最好你會找到
更好、更適合的自己。還是一句話：
「銷售無處不師父　拐個彎兒出師傅！」

CONTENTS 目錄

CONTENTS 目錄

CONTENTS 目錄

CONTENTS 目錄

CONTENTS 目錄

第一章

銷售動機篇

★ 祕笈 01 ★ 明確的財富取向

銷售的動機：賺錢！賺錢！

想問從事銷售的你！你愛錢嗎？想賺錢嗎？
如果，你心中沒有一點悸動，還淡定地回我：「還好耶！」
那表示我們不是一條道上的，這本書就看到這裡吧！
只能跟你說聲抱歉了！為減少購書財損，把書賣到二手網站或送人吧！我們注定沒緣分了！

也許你可以說我「市儈」，但坦白說，銷售工作若沒有足夠「掙錢」的動念、改變現有困境的決心，是很難在疊海波濤咬牙苦撐而不墜沉。
鼓勵你！勇敢給自己明確的賺錢目標，努力衝刺，唯有如此，才能內化銷售路上的崎嶇坎坷，鋪設成就道路。

「財富取向圖」對從事銷售，不想碌碌一生的你，非常重要。

上過我課的學員一定都聽我說過，但我還是要再講一遍，因為「它」確實幫助過我及不少學生得到有效、正確的財富觀，而且能逐步踏實看到財富累積。

其實只要觀念通，財富就在你我左右，這個圖你不妨照實去做，如果還賺不到錢，你來找我。我就～**再教你一遍**～。

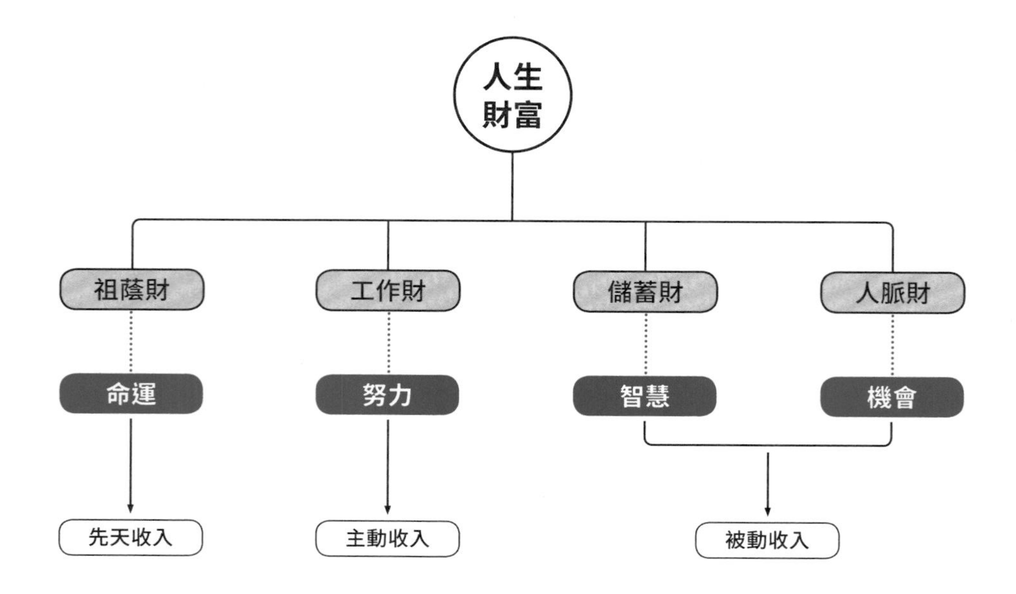

人生四大財富取向

1. 祖蔭財——（命運）（先天財）

也就是長輩留（送）給你的錢 ，也可說是你的先天命，我們姑且就稱之為「命運」吧！

命運幾乎就等同於血緣，就是生不可逆、命中注定，所以血統正不正確很重要，如果沒有這樣的命，也不要怨嘆！因為 90% 的人都和你、我一樣，不是嗎？

況且就算生對地方，也不見得未來就能飛黃騰達是不是？也不一定出人頭地是不是？我們一定要這樣子講，因爲～這樣心裡才會平衡一點是不是～

你有祖蔭財嗎？沒有是吧？
會從事銷售工作，有七、八成是想來拼高收入、想改變經濟環境的、不願意屈求溫飽死薪水的啊！所以，就和當初做銷售的我一樣，幾乎都是**「窮鬼陣線聯盟」**出身。

不過真沒有一點祖蔭財嗎？多少有一些吧？
當初或未來你結婚時，父母親真的一點（聘金）嫁妝都沒給你嗎？
所以多少都有一點啦！是吧！（如果真沒有，那你真是苦命中人是也）
只是比較之下，有人家裡給的真的多到嚇人。
我就有一個要好的小學同學，當兵回來後，光收房租，月收入就達 200 多萬，請問這樣的朋友還要不要繼續來往？當然要！而且「必須」當重點來往不可！（他理所當然成為我事業成就的重要貴人！支柱！）

另外，我的兒女都是念私立國中，除了他們的同學會沒參加以外，學校所有活動我幾乎都參加，各位懂我的用意嗎？（我正為兒女的祖蔭財～努力～）

2. 工作財——（勞力）（主動收入）

再來談工作財～話說：「成功一定經過努力，可是努力不一定成功。」
問題就出在這裡！努力工作，要圖個衣食無缺不成問題，可是要大富大貴卻不太容易，因爲一份工作會受你的時間、地點、年紀、體力，而有所限制。

「年輕賺錢　老來養病」vs「年輕賺錢　老來養身」

舉個例子，妳是位個體美容師，每天努力「接客」，妳一個人、一張床，一天就算 10 個客人滿單，一個月不休息都滿單，夠厲害吧！妳是可以「開心的」算出約莫的月收入，應該還不賴吧！

殘酷的是，這就是妳用「勞力」換取的「天花板收入」，到頂了！極限了！不可能再突破了！

因為每天工作時間是固定的、床位是固定的，妳還不可以生病、體力不能衰退、人不能老、小孩家人不能打擾，太多客觀因素告訴我們，「天花板收入」終究會是「曇花一現」。

「工作財」是「勞力財」，是用生命、體力換取而來的，許多人用三十多年的勞動力，換來一份以爲可以「養老」的勞退金，殊不知「養老」竟變成「養病」，豈不唏噓！

「工作」是年輕時事（志）業目標的選項（方向），而「工作財」是我們發展（事）志業的「維生收入」而已，就僅止於「維生」而已。
所以你一定要知道，搭配下二項「被動收入」，人生才有「轉折」、才有「機會點」。

3. 投資財——（錢動力）（被動收入）
投資財就是把還能省吃儉用的錢存起來！
用錢去「找」錢、用錢去「滾動」錢
你有做投資嗎？投資獲利就是一種「被動收入」

何謂「被動收入」呢？
就是不利用個人勞力成本、工作時間所獲得之「非工資收入」。

事實上「被動收入」就是：
「有限工作生命中，創造工作外的資金滾動收入」
「被動收入」主要分為三種——
股票利息及買賣差價所得。
債券利息及買賣差價所得。
物產租賃及買賣差價所得。

如果你有一個可長期信任的投資顧問，讓你保持穩定獲利，交由專業，你將不需付出時間成本，就可以有「錢滾錢」的獲利所得。

我自己就有一位合作超過二十年的理財顧問，各種理財工具和資訊，無不假以他手，讓我努力工作財之餘，更有穩定持續的投資報酬。
而我這五、六年也和朋友在海外做青創投資標的，每年投資報酬率都有穩定亮眼的成長。

4. 人脈財——（機會）（主動 + 被動收入）
前面我們曾經談到，「命運」源自血緣，是先天命，你沒選擇的權力。
也許你覺得不公平，但不必氣餒，老天爺這輩子也同樣給我們一個公平的選擇翻身之門，那就叫～機會～

「機會」也就是「機緣」+「相會」
對！就是你、我常聽到的「機會」二字
到底什麼是「機會」？突然要你解釋，是不是和我當初一樣，覺得好像應該很懂，卻不知道該怎麼說明最恰當，是吧！

二十七年前，恩師對我耳提面命教誨「機會」二字，
他說：人際的開端，始於「機緣相會」
「機會」其實用字面做解釋就得到答案了！
「機會」也就是「機緣」+「相會」
就是這麼簡單，開竅了嗎？
命運是天注定的，你無法改變，
可是「機會」也可能是老天爺安排的，只是你有沒有「把握」當下。
你相信嗎？就譬如你身旁和你沒有血緣的親密愛人～你的另一半～
他（她）是如何出現？又如何常伴你左右的？
就是「機緣」！你可能會告訴我，「她」是我打小就認識的同學！
那就更是「機緣」！你的「同學」是誰安排的，是你自己嗎？
當然是老天爺安排好的，只是你掌握了機緣相會，讓他（她）成為你最親密的另一半。
恩師的一段話，讓我茅塞頓開，找到事業與人生方向～

「脫貧致富」的絕佳管道～人脈財
人脈財，我會加重篇幅說明，無論事業、財富想成功的人，人脈財可以說是**「脫貧致富」的絕佳管道**，再靠著自己的努力，加上貴人（朋友）從旁協助或支持，就有可能改變一生。

我有一個國中同學小廖，家境不好，國中畢業就被爸爸安排介紹去當機車修理學徒，第一年，車行只供吃、住加每月 1000 元零用金，過程中他雖然很認真，但他知道自己志不在此，為了不讓父親擔心為難，還是奉父命學習。

機車行對面，有一家外省老兵劉伯伯開的麵館，有次車行老闆買了榨菜肉絲麵回來給大夥當晚餐，扎實有勁的手工麵，讓小廖「驚為天物」，他從那天開始，一個星期總會去個 3、4 天，吃一碗最便宜 15 元的陽春麵，而且每每都吃個精光，連湯都不剩。每當看到劉伯伯在做手工麵條，小廖更是瞠目緊盯，簡直是在欣賞表演秀一般。

二、三個月過去了！單身的劉伯伯感受到小廖是真心喜歡麵食，心中也珍惜這位忘年知己，劉伯伯開始默默的在小廖的陽春麵底下加了肉哨和荷包蛋，囑咐他不要多說，要吃飽！

就這樣！兩人感情越來越好！有一天，劉伯伯問小廖：「對麵食你有興趣嗎？」小廖突驚喜又無奈的回：「喜歡啊！可是我現在是機車行學徒！」
劉伯伯用篤定眼神點頭說：「我知道！我知道！」

一個星期後，車行老闆突然跟他說：「你收拾東西吧！去麵店老闆那邊吧！好好學哦！」原來劉伯伯來車行幫小廖説情，並給了車行老闆 3 萬元的補償金！

劉伯伯說：「你可能注定和麵食有緣，我把我會的都教給你吧！」劉伯伯的知遇之恩，小廖銘感在心，只能用更努力學習做回報。也由於小廖這個左右手的加入，麵店項目擴大到麵食小菜都有的北方館子。

十多年後，整個館子已經有十幾位人手，生意做得相當了得，而小廖也已經是麵食能手，劉伯伯想退休，打算無償把店交給小廖，小廖不敢從命的說：「您對我這麼好！我都還沒報答您！我怎麼能接下您的店呢！千萬不可以！」劉伯伯說：「好吧！好吧！那我老了，要退休了！我請你幫我打理這家店，總行吧！」直到四年後，劉伯伯因病過世，他過去的軍中同袍拿了劉伯伯的繼承遺囑和一封信給小廖，信中提及，早把小廖當自己兒子了，早該退休了！是為了想幫小廖開一家安身立命的館子，才會撐到最後，如果小廖還是有所顧忌，就稱他一聲「乾爹」，並且幫他料理後事，他很高興人生最後這一、二十年有小廖的相伴，讓他不再孤單！」

這是我同學哽咽的跟我說的真實故事，一個「麵食緣」成就一段「父子情」，也給小廖改變「命運」的「機會」，而這就是機緣。

「機會」可能發生就在瞬間的「把握」

有一位漂亮的女孩走進咖啡廳，看到一位獨坐的帥氣男子，就害羞的走到該男子面前問：「請問你是劉阿姨幫我介紹相親的那位先生嗎？不好意思！姓什麼，我忘了耶！」。

該男子看到這位令他心儀的女子，便直接回說：「我姓梁，很高興認識妳！」
兩人相談甚歡，一年後，論及婚嫁前，女子很嚴肅的跟男子說：「婚前我必須向你坦白，否則我內心會過意不去！」。
接著又說：「我們相識的那一天，並沒有劉阿姨相親這檔事，就覺得我們有緣，只想把握機會，所以撒了一個謊，現在說出來，心裡舒坦多了！」
男子聽聞後尷尬回說：「原來你早知道我不是來相親的哦！」
兩人最後在哈哈笑聲中，更篤定彼此姻緣是老天給「機會」，自己「把握」幸福而來的！

我不知道這是不是真實故事，但卻很寫實的可能發生在真實的人生。
老伴是來自掌握機緣，這輩子能和你相遇的人，哪個不是來自機緣呢？

古諺有云：「百年修得同船渡、千年修得共枕眠」，這輩子能夠認識你的人，都是和我們有緣之人，只是我們能掌握「機緣」的多寡，完全掌握在我們是否「想要」的動念上。

「機會」是上天給我們的「財富密碼」

機會財就是人際通路創造的人際財路，「在家靠父母，出外靠朋友」，「它」可能綿延不斷、永無止盡，但「它」也有可能瞬間崩潰、身敗名裂；這關係乎你做人處事的態度。你總得行銷自己，讓你的「好」透過別人的嘴替你傳播出去！你更要警惕自己「勿以惡小，落人話柄」的毀詆流語。

有句話是這麼說的：**「金盃、銀盃不如別人的口碑；金獎、銀獎不如別人的誇獎。」**

如果你今天開餐廳，你會不會昭告天下、你會不會想要廣結善緣！所以機會財簡單說就是人際財，也是銷售財，只是你要先懂得曝光自己、把自己的「好」先銷售出去。

人脈財也完全印證在客戶的轉介紹上（參考轉介紹篇）。
人脈轉介紹創造「被動收入」，這個名詞也常被大量用在直銷業、保險業的增員辭彙中……其實它適用任何銷售方。只是「被動收入」並不代表簡單就賺得到錢，重點完全反饋在人脈經營成敗。

人生的財富密碼都是取決於上述的「財富四取向」，有了人生的財富進階取向目標，財富的累積是可預期的、是有方向的，「祖蔭財」是上輩子的福報所得，命運使然，不得怨天尤人；「工作財」是進階財富的敲門磚，學習專業、立基技能是關鍵；「投資財」是非勞力所得之門，坦白說就是以錢養錢、以錢滾錢，但建議交由專業顧問管理，自己莫過度投入為佳；「人脈財」則是人生最大的無垠寶藏，一切的不可能在此都有可能的機會，也是人生最大的挑戰和樂趣之所在，也是改變「命運」、創造「機會」之所在。

四項財富取向都做了說明，四項取向可互助並進而不牴觸，現在就可以很明確的給自己設定當下階段目標，有了方向，距離成功就更加接近了，不是嗎？加油！

★ 祕笈 02 ★ 不要跟別人一起為「景氣」跳腳

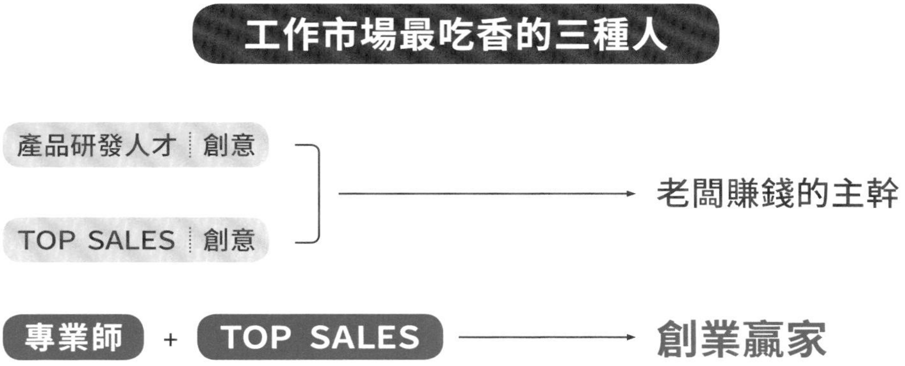

工作市場最吃香的三種人

產品研發人才｜創意
TOP SALES｜創意
→ 老闆賺錢的主幹

專業師 + TOP SALES → 創業贏家

高收入 = 機會 + 經驗 = 能力

「過去的優，不代表現在的好。」
銷售是永不墜落的明星產業（通路）。
「景氣好壞市場決定；生意好壞自己決定。」
「曾經何時，婦產科、外科醫生有可能比不上皮膚（整型）科、牙科、獸科醫生。」
「科技研發人才的權貴地位，已遭受網際網路直接的威脅挑戰。」

「公家飯僧多粥少，好不容易進去，現在突然有可能『民營化』，面臨鐵飯碗生鏽的危機」；

過去在「財神館」工作的銀行金融人員，從過去「捧金飯碗」，到現在有不少人成為爭取工作權的街頭遊行常客；

「月薪 2.5 萬的大樓管理員，面試者居然有退休星級將領、退休分局長級的高階警官」；

台北市政府環保局徵 50 名員額，月薪 3.5 萬元的清潔隊員，吸引了近 5000 多人填表報考，更諷刺的是不乏年輕學士、碩士。

時代的變革，讓許多傻了眼，過去考上醫學院，彷彿宣告步入家財萬貫之林，將來只要開個「醫生館」就可以「坐以待『幣』」，那裡知道健保制度下，變成真正的「坐以

待獎」。
專業也得生逢其時，**「過去的優，不代表現在的好。」**
醫生也在學行銷，現在有的診所裝潢得富麗堂皇、有的醫師不斷透過媒體炒作曝光、有的與美容界結盟、有的甚至於直接銷售保健食品給求診病患。

國防各軍種也不像過去森嚴神祕，形象廣告，透過媒體播放爭取你我的好感；
銀行業不要只會噤聲數鈔票的櫃台行員，而要能主動招攬客源的理財規劃師；
連國營事業的台鹽、台糖、台鐵、中油、中華郵政都大剌剌地賣起無關本業的產品。

這已經是個行銷掛帥的年代，不管你喜不喜歡，你可以假裝看不到、聽不見，但這就是社會的脈動，你沒有選擇的權力，你只能參與其中。

銷售是打不死的蟑螂
你應該要知道，隨時打開報章求職欄、網路求職區塊、不論景氣好壞，
總是有 60%的工作機會是在尋找銷售人才。
銷售是不死的行業，銷售不受景氣起伏的震盪，銷售不分學歷背景貴賤，銷售不受年齡高矮胖瘦的限制，它不怕你沒有條件，只怕你沒有積極向上的能力，只怕你因銷售產生恐懼、不戰先敗

在現今的就業市場的評量，學歷等於評比但不等同於高收入，「高收入＝機會＋經驗＝能力」，即便是科技新貴，專業所學也要生逢其時才能相得益彰；

更令人振奮的是，25 ～ 30 歲進入百萬收入者，55% 是來自於銷售服務業（2017 年數據）。

銷售只需要能力，而銷售的能力絕大部分來自後天願意學習的態度，簡單的說，銷售是可被訓練的，不是你會不會的問題，而是你要不要的動念。

★ 祕笈 03 ★ 給自己一個為何而戰的動機

《一流銷售員》作者，隆．威靈翰

選好標靶　再射箭

市場開發的動力來自於對銷售市場扎根的意念，而市場銷售可能面對的壓力與辛苦，必定要有內心肯定澎湃「成就動機」的折衝，否則只會徒具形勢、曇花一現、無功而返，尤其陌生市場開發或銷售，它本來就是一門苦差事，而你願意來挑戰它，絕對不是來此苦中作樂，只為到此一遊，留下踏勘的足跡吧？你一定有著挑戰銷售的成就動機吧？

只是**許多人的動機常常是時而明確、時而模糊**（我課堂上常做的抽樣調查），我知道你也許含蓄、你也許不好意思，你怕別人說你市儈、你擔心別人嫌你不務實、你恐懼別人懷疑的眼光，最糟糕的是你根本壓根也沒想過自己真的可以辦到，如果你真是如此，

你就是來碰碰運氣，你只是企求上帝的眷顧（應該是憐憫），

誠懇建議你，買買樂透彩券吧！

因為你的成功機率和中獎機率不分軒輊，沒有太大的差別了。

也許我這樣寫有點殘忍，卻也是肺腑之言、忠言逆耳、苦口婆心，我不忍你無辜受傷，我不願你臣服挫敗。

「不識兵刃，戰場難以僥倖」，陌生市場開發的動力，來自於內心肯定澎湃的「成就動機」。它就是斬除陌生銷售逆境的尚方寶劍，你不可不知，不可不明確啊！

成就動機的「四化動力」

將「成就動機」：「目標化」、「時限化」、「具體化」、「數據化」

「成就動機」只要不過度荒謬，設定時限可被實踐，都可以勇敢表達，只要不是摘天上的星，一年想要趕上比爾．蓋茲的資產，只要你認為可以做到，就可以嘗試挑戰。

你也許只是不甘 2、3 萬的固定薪資、不願看老闆臉色吃飯、嚮往彈性自由、挑戰無限可能收入、希望給孩子好的環境；但這些動機不夠具體，略嫌空洞，你會拿捏不到著力點的輕重，所以你不妨利用**具體化**、**數據化**大膽告白：

你應該說：**「我今年要破 100 萬的收入」**，
而不是「我希望今年收入比去年好」；

你應該說：**「今年我要買 150 萬的 ×× 牌轎車」**，
而不是「如果可以的話，我想拼一台進口車」；

你應該說：**「我要每年準備 50 萬讓孩子唸 ×× 私立小學」**，
而不是「我一定要多賺點錢，讓我孩子唸私立小學」；

你應該說：**「三年後我要買一間大安區 1800 萬的房子」**，
而不是「希望老天爺給我力量，我要儘快買一間自己的房子」。

許多銷售實務專家或學者也都在「成就動機」論點上，有著殊途同歸的看法。

哈佛大學研究「成就動機」的著名教授，大衛．麥克里蘭（David C. Mclelland）在他的研究結論證實了「成就動機」的重要性，遠超過一般外在的推銷技能，他更大膽的指出**「成就動機」是銷售技能的一個「乘數」。**

《一流銷售員》一書作者，隆．威靈翰（Ron Willingham）則在書中提到：
「成就動機是由內而外，而非由外而內。它不需由外界輸入，它是要我們自內心中放出的一股動力。」

明確的動機，讓你更有動力做目標規劃、更有利於找到方法執行、更有效率做時間切割管理，動機明確了，**成功將會帶來更多成功**，你已經贏在銷售事業的起跑點。

★ 祕笈 04 ★ 先愛上「銷售的附加價值！」

你真心喜歡銷售工作（事業）嗎？

當你看這本書時，相信你已經是銷售工作者，或是已經開始與銷售結緣了。你真的喜歡銷售工作（事業）嗎？這麼直接問你，你一定會斬釘截鐵的告訴我「喜歡」，是嗎？

如果你真是不假思索，出自肺腑之言，恭喜你！

你不但適合這份工作（事業），其實你天生根本就是從事銷售者的料、注定是銷售天才、肯定是明日之星、鐵定是「打啵誰餓死」（TOP SALES）！

如果你內心突然閃爍、突然震懾於我發問的這個問題，你也不必馬上給自己一堆負面思維，緊接著就開始猜忌，懷疑自己是不是該思考在銷售道路上堅持下去。勸你別急著打退堂鼓，說真的，其實你是相當健康的。

而且有七成以上的銷售新鮮人（尤其是保險、直銷），是和你有著一樣的心態，所以你是多數群，你絕對不是一個異類、怪物；而你心裡是不是正打算著用自己設定的時間期限，告訴自己「我試試看！」如果不行，我就……。

「銷售的魅力不在於過程的艱辛，而是它背後所隱藏的附加價值」

你喜歡銷售工作嗎？

喜歡	不喜歡
收入無上限，自己控管	沒有銷售經驗
時間彈性，生活自由	收入不穩定
自己就是老闆，工作自主	不會講話
免受經歷、學歷限制	個性不符
免看老闆、上司臉色	沒有自信（內向）
升遷透明、制度公平	家人反對
實力掛帥，英雄不怕出身低	怕見陌生人
可自由選擇銷售對象	
可擴充人脈，增廣見聞	
可延伸個人通路	

如果你是被我說中的後者，你也不必訝異為什麼我能清楚了解你內心的「真實」；原因很簡單，假使你問我同樣的問題，我會把與你相同的過往故事，說個三天三夜、說得可歌可泣、說得感人肺腑。

即便至今銷售領域打滾二十多年的我，都可以再坦白告訴你，我仍不喜歡「銷售」，因為它常常充滿委屈、無奈、辛酸、辛苦、挫折、失敗、現實、壓力和無力感，其實我沒有必要和這麼多負面的字眼或是感受打交道，我又何苦違逆自己，糟蹋自己，即使我已經全然懂得抗壓與釋懷。

但為什麼我居然還存活在銷售界（肯定是終其一生），而且還敢大膽的開班授課，我可以告訴你～

「銷售的魅力不在於過程的艱辛，而是它背後所隱藏的附加價值。」

（你不一定要苟同我的觀點，銷售最大的學問在於合邏輯、成道理，而你深信不疑，它就稱得上是一門銷售學派，沒有誰對誰錯的問題。）

記得我在從事銷售的初期，為了勉強自己對銷售的不適應，我寫了一段座右銘勉勵自己，接受銷售的逆境：

「我不喜歡銷售，因為它充滿無情的挫折，
但偏偏我卻期待它背後產生的附加價值，
於是我選擇～釋懷無情～享受挫折～」

是否有英雄豪傑的高亮氣節，只差當時沒請我母親在我背上刻字，否則我現今一定願意秀出當時破釜沉舟、放手一搏的雄心壯志。

十項銷售附加價值魅力：

1. 收入無上限～
你有權力決定自己控管設定收入天花板。
你有機會挑戰可預算計劃的收入設定。
你有快速超越同儕朋友間的平均所得的機會。

2. 工作時間彈性～
擺脫朝九晚五一成不變的工作環境限制。
工作時間、家庭活動，管理彈性自由。
假休管理安排彈性自由，不受差勤束縛。

3. 自己就是老闆～
業務行銷工作是對自己交代負責的個人事業。
所有的業務工作計劃，完全可自主控管，不假手他人。
擁有更活潑、豐富、彈性自在的個人生活與家庭生活。

4. 業績是王道～
業績掛帥，自主負責，免看老闆、上司臉色。
持恆優秀業績可成為單位、公司同仁的標竿學習人物。
業績直接換算收入，不拐彎抹角，坦率、直接、明白。

5. 不受學歷羈絆、經歷限制～
進入銷售工作的門檻相對較低，不太受學經歷限制。
銷售工作仍有學經歷可挑戰，如證照、產學合作平台。
銷售業是弱勢家庭和弱勢族群，改變未來的最佳捷徑。

6. 升遷制度透明、業績考核公平～
銷售工作是以業績達成能力做為升遷依據，考核公平。
不以工作年資為升遷標準，對有能力者更具挑戰魅力。
業績考核制度，可以杜絕人事關說、走後門行徑。

7. 實力掛帥，英雄不怕出身低～
是將是帥，是兵是卒，全憑實力證明，但學習是關鍵。
不論過往經歷出身，每個人起跑點一致公平，無從造假。
路遙知馬力，時間是最好的證明，海水漲退成敗一切了然。

8. 可自由選擇銷售對象～
誰說業務不能有個性？誰說客戶永遠是對的？我依然可以是我。
我也可以選擇我喜歡、想要的客戶，銷售業務偶爾任性，有何不可！
我當然也可以主動放棄傲慢無禮的客戶，沒必要委屈，失去尊嚴。

9. 可擴充人脈，增廣見聞～
銷售是以人際交流為主的工作環境，儼然如一所「社會大學」。
客戶來自各行各業，資訊觸角多元，可增廣見聞不易被社會淘汰。
可學習模仿的成功者眾且多元，遇貴人相助提攜，亦時有所聞。
社會歷練快速成長，學習管道更加多元暢通。

10. 可延伸個人通路（一通路一市場）～
一客戶就是一通路、一通路就是一市場，這就是綿延的人脈線。
有通路、有市場對象、有人脈網絡，你就是銷售市場的搶手貨。
日後，你自己就可以是銷貨平台中心，不受商品通路的限制。

以上十點是我概括列述的「你該喜歡銷售的理由」，當然你也可以無限延伸放大，只要把「喜歡銷售」的理由放大，相對縮小「不喜歡銷售」的理由存在，讓自己長期沉浸在「喜歡銷售」的環境中，銷售對你而言，也會成為生活日常之理所當然！

第二章

銷售心理篇

★ 祕笈 05 ★ 「嚴肅」是一種病！

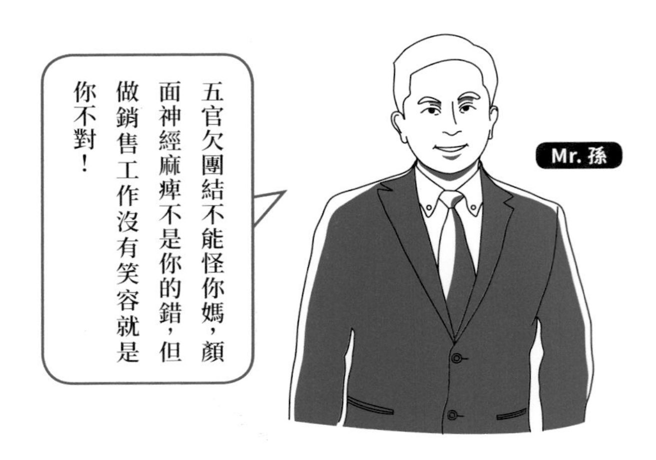

「嚴肅」是一種病！

搭電梯是我們日常再平凡不過的經驗，你有沒有發現，當電梯門開啟時，一般人會有什麼樣的舉止和表情？說也奇怪，門一開時，大多數人彷彿是羊入虎口般的拘謹，面無表情卻頗有默契的凝視天花板、地板和樓層顯示器，只等待儘快開門出柙。

就在這麼小的空間裡，這麼些人，何嘗不是上天安排的機緣，如果從事銷售事業的你，也跟著大夥上演樣板戲，豈不可惜！主動地為有緣人開關電梯服務，親切地招呼問好，如果可能也大方的交換名片，珍惜這片刻的資源。

我常用**「嚴肅」是一種病！**警惕我自己，也常在行銷訓練的課程中提醒汲汲於學習銷售的學員們，這一句話看似簡單易懂，但做起來還真得要下番功夫，有人說頂尖的行銷人就是天生的演員，他能適時地扮演客戶所期盼的角色，透過豐富的肢體語言，掌握客戶的情緒伸張。乍聽起來很難，但我們只要學會他們最拿手的基本功→「微笑」，我們就一定會在銷售中游刃有餘，**因為你的微笑會不斷反射如同鏡子般的你。**

「肢體正推操作法」，擺脫「矜持」

「嚴肅」主要是來自於太多的內心「矜持」，直接影響到肌肉僵硬，放不開肢體。如果你願意改變，**我會想建議你利用「正推操作」**，用放大肢體動作的方法來試試看？**肢體動作放大後，你會明顯感覺心情也就會直接跟著改變**，而且這對紓解緊張情緒，上台恐懼壓力釋放，也都有著相同的功效喔！
在我行銷近三十年的日子裡，這一句話看似簡單易懂，卻讓我體悟最深。我出生在一個標準 A 型血型世家，害羞、不擅表達似乎就是外界對我印象的唯一詮釋，我也彷彿順理成章接受了這樣的認同。但這樣的個性，讓我進入行銷工作初期，受了不少挫折。

「嚴肅」是一種病！這句話激化我的改變，我雖不是撲克臉，無疑的，笑容卻似乎少有光臨。我嘗試自我修正調整，把笑容擺在臉上，禮貌變成一種習慣，主動取代被動，不消一番功夫，運勢也隨之跌停反彈。

總之，在行銷領域，嚴肅是不可救藥的癌症，而笑容是解救癌症的藥石良方，也是銷售者該學習的第一門功課。

你可以細心觀察很多優秀的行銷前輩菁英，他們並不一定有傲人的霸氣、善辯的言辭、專精的知識，但他們似乎有一共同的特點，那就是容易感染接近的親和力，及自然散發的親切笑容。

「長得好不好看，父母基因決定；別人喜不喜歡，你的表情決定。」

「五官欠團結不能怪你媽，顏面神經麻痺不是你的錯，但做銷售工作沒有笑容就是你不對！」

在我們生活周遭也隨時可以找到活生生的例子，在我家附近有一家麵包老店，老頭家二年前退休，將三十幾年的老店轉交兒媳經營，這家麵包確實好吃，尤其牛角麵包更是搶手，記得每天下午五點，一定可以看到排隊等候出爐的人潮。

但這樣的光景一年後改變了，麵包口味沒有改變，少的是老頭家純樸憨厚的笑容，換來的是，兒媳的盛氣凌人，不苟言笑的晚娘面孔，甚而出言不遜，得罪了不少街坊鄰居，連自認修養超級傑出的我都不敢領教。

猶記得一次我僅簡單說一句：「你們的麵包好像比巷口那家貴些耶！」沒想到一陣冷諷撲面而來：「嫌貴？去買他們的呀！不好吃是你家的事。」當下我真的氣得牙癢癢，但修養告訴我莫與惡女鬥，其實也是擔心吵輸豈不更沒面子，所以放了她一馬。

隔年下旬，這家店終於在眾人詛咒下（有點毒）關門大吉。而今改在市場擺攤賣麵包，現實挫敗也找回他們失去已久的笑容，生意也算有所起色。唉！早知如此，何必當初呢？

我們都曾聽聞日本壽險界的行銷大師原一平先生。他自認其貌不揚，卻可在鏡子面前把笑容作成千變萬化的分類，足見他對笑容的重視。**身為行銷人，你理當主動釋放出笑容，那怕是笑得傻、笑得憨，笑到魚尾紋、見到抬頭紋，總比顏面神經痲痺親切自然。**

★ 祕笈 06 ★ 以精神病患為師吧！

「堅持」是一種「莫深境界」

你會不會太拘謹呢？
拘謹會讓你缺乏彈性空間！拘謹會讓人覺得與你相處乏味！
拘謹是許多內向銷售者心理的障礙。不妨學習「發瘋」的精神吧！
跟精神病患學習吧！（我沒有鄙視的意思！）
胡言亂語你不要跟他學，但精神病患的特有能力你一定要學，
如果他們做不到，他們還不配稱為精神病患，
那種特有的能力叫「堅持」！

你可能也聽過以精神病患為題材的笑話吧！例如：〈你也是香菇篇〉、〈就是要打破玻璃篇〉，如果沒聽過，問問你周遭朋友、或上網看一些笑話集，保證你會得到更多這樣的題材。

在真實的世界裡，你也可以試著去觀察他們的生活作息，或許在我們眼裡荒謬至極的動作或行為，他們常常樂此不疲，完全不在乎外界的異樣眼光，而且每個動作都可以持續好一段時日，也就是不管別人怎麼看待你，相信自己的「堅持」，相信自己的產品是頂尖的，相信自己的銷售行為是高尚的、是對的，不在乎別人在背後指指點點，也不抱怨親朋好友扯後腿，這樣的修煉是真的要有一些功夫，放棄心中一些無謂的矜持吧！

就讓我們一起勇敢發瘋吧！
趁著聚會時一起吶喊：「我是精神病！你也是精神病！真的恭喜你！」

自在的瘋子　不需抗壓

記得作者剛進銷售界服務時，在將近一個月的公司專業教育訓練後，就被訓練部主管帶到街上做勇氣訓練，讓我印象最深刻的是訓練部主管帶著我們五、六位新人，在西門町的街上，客串街頭藝人，主管拿出準備的吉他，讓我們輪番上陣主唱，街頭的路人，看我們煞有其事，吸引不少人駐足觀看，等待我們的表演。誰知主管彈奏的盡是一些兒歌或是卡通歌曲，像是「泥娃娃」、「哥哥爸爸真偉大」、「妹妹背著洋娃娃」、「無敵鐵金鋼」、「科學小飛俠」、「小甜甜」……，再配上我們不怎麼樣的歌喉，我們怎麼有能力留住聽眾呢？

只聽到人群中傳出「這樣也敢出來表演」、「好好笑喔！」、「神經病！」的嘲諷的聲音，而我們就在別人異樣的眼光下，還得要若無其事地表演下去，直到訓練主管喊停為止。**最後主管告訴我們：「我們就是要來享受別人對我們的批評，因為未來你們面對銷售的最大困境，也不過如此。堅持我們要的結果，那怕我們是別人眼中的瘋子，你也永遠不會畏懼外來的壓力。」**

★ 祕笈 07 ★ 內在行銷心法

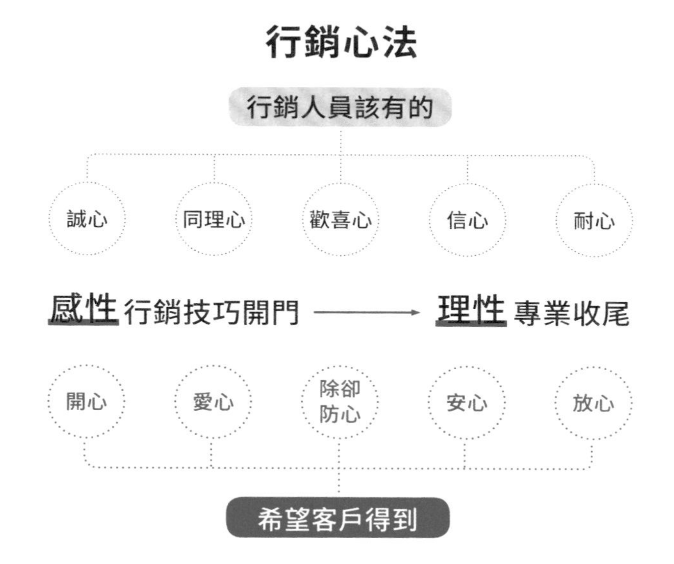

行銷心法是什麼？

我們常在外追逐行銷技巧，如學習行銷課程及行銷書籍的購買。但常常激盪了幾週後，又把所有東西還給老師、丟回作者。**只因我們常常僅透過外在的模仿，而不同的個體，我們是無法唯妙唯肖的完全 copy 別人既有之成就模式。所以我們不妨透過揣摩從內心尋求修正的答案。**

感性需求佔比是 3 / 5，理性需求佔比是 2 / 5，

行銷，外在行銷叫技巧，內在行銷稱心法，「技巧」重執行，「心法」重思考，內外兼修，行銷又何嘗不是身體力行的一門學問呢？

我們都了解，行銷基本流程涵蓋五大步驟，依序是寒暄、問候、開門、展示說明、促成 close，這是行銷數十年來不曾改變的準則。請問您是否發覺步驟裡，哪些隸屬於感性思維？又有哪些隸屬於理性思維呢？我們馬上可以從中歸納出：**寒暄、問候、開門是隸屬於感性，展示說明、促成 close 是隸屬於理性。感性需求佔比是 3 / 5，理性需求佔比是 2 / 5。**

感性訴求在前，理性訴求在後

而**「感性訴求在前，理性訴求在後」**，這個道理其實一直蘊藏在行銷流程中，只是少有人去研究探討。我們不妨也透過行銷心法，從中檢視自己的行銷步驟中，是否有躁進、流於濫情甚而不知收尾，究竟是感性在前，亦或是理性在前？或者是我們無意間就把感性、理性做了混淆行銷，於是我們掌握不到客戶的購買點及close的時間點而不自知。

1. 感性行銷技巧開門——銷售人員此階段要有三心

■ 誠心——誠實的心、誠懇的態度。

誠心是一種誠懇的態度，是一種真誠的期待付出，因為「好」希望您能擁有，因為您有需要，我有告知的責任。是否誠心可從表情態度上讓對方看出端倪，所以從心裡面說服自己、相信自己是真心誠意的付出，誠心就能擁有從容不迫的說服力。

■ 同理心——非業務、商品導向，以客戶需求為念。

同理心，反諸思考，以客戶需求為念。非業務或商品導向，而是切切實實地客戶需求導向，讓對方感受到你不是賺他的錢，而是在幫他的忙，你和他是朋友、是同一國的。

■ 歡喜心——幽默風趣，讓客戶開心，釋放壓力。

歡喜心，透過你的幽默風趣，讓客戶放下戒心，展現笑靨，釋放可能的壓力。客戶的笑對銷售人員是十足珍貴重要的，殊不知行銷真正的起點，正是客戶自然展現笑容的那一剎那。銷售人員常有這樣的經驗，一見到客戶（尤其是陌生客戶），只要對方沒有什麼言語表態，寒暄問候就略顯尷尬生硬，沒二下就把專業言之鑿鑿一股腦兒全都丟了出來，結果呢？從客戶的臉部表情已知答案，恨專業無用武之地又能如何！歡喜心是行銷的開門，沒有笑容，寧可保留專業。

當三心讓客戶真能心有所感，就算是當下，客戶都可能在現場回饋你三心。那就是開心（因你的歡喜心）、愛心（因你的同理心獲得包容），當二心都存在了，除卻防心自然會獲得改善。這時我們會取得客戶的認同，但此時客戶的認同主要是取決於人的因素居多，他接受你、喜歡你，不代表完全相信產品，認同公司，更不代表相信你的專業，所以過了這個階段，就是大展專業身手的時刻了。

2. 理性專業收尾——銷售人員此階段要有二心

■ **信心——有產品及表達專業自信。**

■ **耐心——有細心詳述，不厭其煩的毅力。**

當二心都能博得認同，客戶會期待你的專業能力，你是否讓專業成為客戶的靠山，這好比有多數人投資股票是透過營業員操盤或推薦，若這營業員過去讓我們的投資報酬率都有穩定的 15-20% 獲利率，哪天他突然打電話來，向你推薦當日個股，相信我們真有能力，也絕對敢大膽跟進，因為他的專業，已成為籌碼提升之必然。

行銷是有依序關係，對接觸客戶要有步驟與耐心，當感性空間沒有突破之前，不要躁進，循序漸進，順境成交。行銷心法是可以印證在任何行銷流程實務之上，當碰上行銷阻礙和疑惑時，行銷心法是可以成為你匡正檢視的工具。

例如：你是否首訪一進門，不到 5 分鐘就將行銷資料或產品遞出？你是否電話邀約一開口就談產品多好、事業多棒？

你是否太早就進入私人核心問題？

你是否讓會談充滿愉快？

你是否感性、理性過度混淆？

你是否過度主觀推薦商品？……。

這都可能影響行銷品質，**切記你首要賣的第一個商品，是你的自我形象**，而商品只是我們順水推舟的溝通媒介，順勢而為，時機成熟，商品自然易位，而允諾總在自然下發生。

★祕笈 08★銷售也是一種信仰堅持

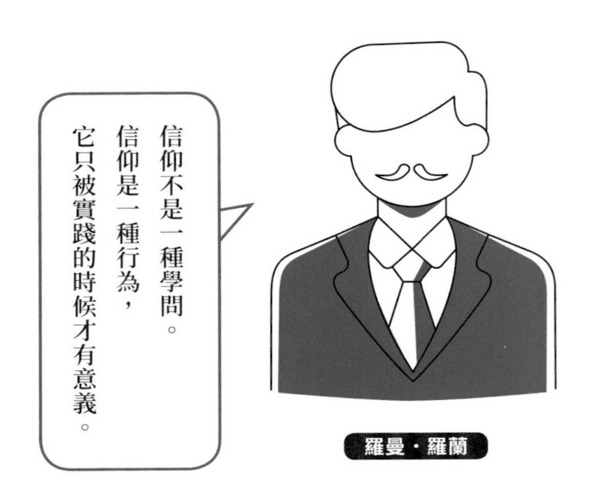

銷售也是一種信仰

你有宗教信仰嗎？如果有的話，你的領悟一定比我還深。

由於我從事的是講師的工作，只要有機會得到優秀名師的課程訊息，我當然不會放棄學習的機會，因為我自認今天我可以吃講師這行飯，就是這樣一場一場模擬訓練下來的成果。

直到有一天，無意在遙控電視轉台時，看到一位講師正在賣力地演講，他手舞足蹈、時而嘶吼狂喊、時而屏氣凝神，眼神中充滿了自信與智慧，舞動的肢體更讓人神往陶醉，整個情緒也完全投入釋放，要不是一句「阿門！」我還真不敢相信他居然是一位牧師在傳道，更不敢相信他可以如此忘我地盡情演出，瞬間讓我對心中刻板的宗教完全改觀。

信仰就是銷售驅策力

後來我也發覺，電視佛教節目中師父的開釋說道，也慢慢地貼近我們世俗的語言，甚至於有一位喇嘛葛仁波切的音樂專輯，他說他希望用現今年輕人的流行方式傳播佛法，他的方式也確實吸引影響了不少人有興趣接近宗教。

你有看過二位外籍年輕人，一襲白襯衫、黑長褲打著黑領帶，一前一後騎著腳踏車，穿梭在大街小巷嗎？從台灣頭到台灣尾，從都市到鄉村，我們都可以看到他們醒目的身影，他們正是「摩門教」的傳教士，他們會用生澀的國語向你問候打招呼：「你有信教嗎？」

銷售也是「愛」的傳遞

傳播神對世人的愛，你認為他本來就會說中國話，甚至台灣話嗎？當然不是，他們只是為了信仰的堅持，用短暫的時間突破語言的障礙，傳播（分享）福音，而下一個國家、下一個語言，他們依舊熱衷學習。

在台灣你也常看到、聽到，有無數的神父、修女，在我們都不願去的窮鄉僻壤，為弱勢族群犧牲奉獻直到終老，這都是來自於信仰的堅持。從事銷售的我們，看看他們的精神，我們是不是更該對我們銷售工作應有的堅持，多了番自省與體悟。

相信你自己、相信你賣的產品，因為你的銷售，客戶因而得到快樂和滿足，這就是我們銷售的信仰與堅持。

★祕笈 09★要成功，先發瘋，頭腦簡單往前衝！

寧做瘋子　不做傻子

Hebe 田馥甄有一首歌「魔鬼中的天使」，歌詞有這樣一段詞：
「儘管叫我瘋子　不准叫我傻子」

大概意涵是～我可以為愛瘋狂，我無悔曾經所愛隨人拼湊，懶得解釋，我可以瘋，但我不傻。

瘋～代表的就是堅持無悔

瘋子的精神～
堅持～（簡單相信）+（不斷重複）+（不計毀詆）

沒有達到這個條件，你還沒有資格被稱爲瘋子！

世界羽球球后戴資穎的姊姊戴靖潔，曾這樣形容她的妹妹：
「個人覺得可以堅持到現在的每個職業選手都是瘋子！」
「簡單的事情一直反覆地去練習，堅持是成功的原因之一。」
「忍常人所不能忍的，每天早睡早起，控制飲食體重，練得很累、肚子很餓卻不能大吃大喝。」

「非凡者」的前兆～瘋子

瘋子有可能是「非凡者」的前兆，想想很多名人成名前被別人當成瘋子：

孫中山小時候看到鯉魚往上游⋯⋯會想到人要往逆境爬⋯⋯
牛頓樹下睡覺被蘋果打到開竅⋯⋯發現地心引力⋯⋯
阿基米德洗澡開竅裸奔大街⋯⋯發明浮力理論⋯⋯
富蘭克林打雷閃電還放風箏⋯⋯發明避雷針⋯⋯
愛迪生經過近 1600 次失敗⋯⋯發明電燈⋯⋯
梵谷為一句玩笑話割掉自己的耳朵⋯⋯瘋狂作畫⋯⋯

他們的成功源自異於常人之處⋯⋯
總是會想到一般人想不到的⋯⋯
又或者是當大家都想到的同時⋯⋯想到的又和別人不同⋯⋯
很多理論發明都會在不知不覺中發現⋯⋯
所以很多名人成名前都被稱為瘋子⋯⋯

他們之所以會被稱為瘋子⋯⋯是因為他們對自己所追求的⋯⋯
有一種接近瘋狂的執著⋯⋯這也是他們成功的祕訣⋯⋯

人生最大的錯誤是，過度在意別人的看法，不斷擔心會犯錯。
相信自己，不要在意別人的想法和眼光！
如果有瘋點子，不試著做做看，誰會知道行不行！

賣《聖經》的口吃業務～

一位口吃之人去應徵出版社業務，主管認為他不適合做業務，又不想傷害他因口吃而缺陷的自尊，於是給他一個軟釘子，希望他知難而退。
主管拿出一本《聖經》說道：「給你《聖經》一本拿出去推銷，如果你一個月能賣出 10 本，我就錄取你。」
沒想到長久失業的他，沒有懷疑的、興奮的接受了這份工作挑戰！
一個月過去，他不但達到錄取標準，而且突破 300 本拿下當月公司銷售冠軍！

表揚會上不斷感謝主管拿出這麼好賣的書，讓他可以有這樣的成績！
主管苦笑狐疑的問他：「太棒了！那你是怎麼推銷的呢？」
「我碰到的每一位客戶，我都是這麼說：『你⋯⋯你好！這⋯⋯這是一⋯⋯一本好書！（打開封面）我……我……可……可以唸……唸一……一章給……給……你聽……一聽，我都還……還沒說……說完，很……多客……客人就……說買……買……買一本。」
所有同仁聽了，也只能俯首稱臣，甘拜下風。

一個簡單相信「主管的善意」
一種不在乎別人的眼光、「不計毀詆」的拜訪
一直「不斷重覆」說著同樣的話，做著同樣的事
瘋子一樣成大事

相信自己、做自己，也許我們是有短處，但只要「認真」，「誠意」有可能就是最大賣點，別人的不看好，我們為什麼要「理所當然」接受。

★祕笈 10★強化自信（一）學會做自己

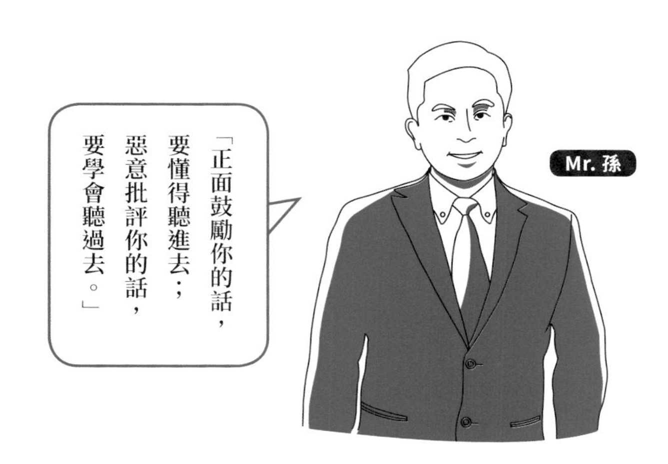

不要活在別人眼裡、死在別人嘴裡～

首先你必需信奉「樂觀是自信的好朋友」的生存準則。

《寒山拾得對語錄》中，昔日寒山問拾得曰：「世間有人謗我、欺我、辱我、笑我、輕我、賤我、惡我、騙我，如何處置乎？」

拾得曰：「只是忍他、讓他、由他、避他、耐他、敬他、不要理他，再待幾年，你且看他。」

這個絕妙的問答，蘊含了面對人我是非的處世之道，因此雖經一千多年，至今仍然膾炙人口。

強化自己的內心～

「不懂你的　無需解釋，真懂你的　何必解釋」

這句話大家一看就懂吧！不侮辱你的智慧我又何苦解釋！

很多時候的不解釋，不是默認，而是壓根就懶得理。

就算你解說得再有理，他也會尋求「語病破口」曲解你。

理會自傷中他計；活得更好讓他嫉；懶得理會讓他氣。

你不夠突出誰講你，你不夠優秀誰理你！

有時沉默是面對流言蜚語時一笑而過的從容；
是面對爾虞我詐能安定自若的通透；
是面對是是非非淡然處之的豁達。
「水深不語，人穩不言」。

「別人正面鼓勵你的話，要懂得聽進去；別人惡意批評你的話，要學會聽過去。」
記住～如果你**期望滿足所有人，就注定自討苦吃～**

以清廉自居的前總統馬英九，以 58.45% 的得票率贏得 2008 年總統選舉，卻在任內以「全民總統」自居，結果吃力不討好、兩面不是人，卸任前，民調聲望只剩不到 20%，慘不忍睹，連黨內同志都少有相挺。雖然我對馬前總統人格特質是欣賞的，但民心主觀是殘酷的。

所以如果你認爲要做到平均 100 個人就有 70 人會喜歡你，你何苦做小老百姓？更用不著做銷售業務，你還需要思考什麼！你應該趕緊加入政黨，因為你有囊括 70% 的選票實力，是不可多得的黨政奇才！哪個黨不想爭取你！你可以輕而易舉地打敗任何政敵選上總統，不是嗎？

自以爲包容，卻失去自我的價值
另外不用刻意討好任何人，找到與你投緣的人，珍惜對的人，人際關係就是如此微妙，頻率不對，就是不來電，不是誰對誰錯的問題，強留反而招損，寧可少交一位朋友，也不要製造一位敵人。

否則自以爲包容，卻失去自我的價值，為了討好任何人（尤其是不投緣的人），處處遷就，失去主體性的堅持，失去自我工作依循準則，最終難逃自我錯亂，自我淘汰的惡運！

稱職的銷售工作者，可能每天都在尋求更廣大的客戶市場，面對大多陌生無情的回應，如果不能淡然釋懷，還需每天自我療傷，這樣的工作就沒有硬撐的意義，內傷不醫終成重疾而不可挽。

客戶「說者無心」，而我們「聽者有意」

一個陌生的客戶對於一個陌生的業務，你覺得他會開心的「接納我們」，還是避勉麻煩的「躲避」我們。

所以如果你有強大的心臟，及必要的需求，你可以做陌生直開。
否則不妨採納我「客源開發」VS「客緣開發」的篇幅來嘗試努力，或許會讓你找到更多「觸類旁通」、「銷售無礙」的客戶開發自信。

★祕笈 11★強化自信（二）相信自己

「懷才」就像「懷孕」，日子久了，大家都看到了

先確認你是否真心喜歡「銷售」？再確認你是否喜歡你要銷售的「產品」，如果答案都是正面的，再問自己是否用心鑽研「銷售」技巧、「產品」的專業知識？

如果答案還是正面，你該給自己相當的專業自信，不必擔心沒有客戶，給自己一點時間，也給客戶一點時間，你們彼此可能都還在尋覓對方，只差「機緣」的契合。

把自己最好的專業能力，產品最強的魅力價值，隨時主動的「曝光」在任何契機點，讓周遭客源都看到、聽到、感覺到，你就是這方面（產品）的專家，相信自己，「路遙知馬力」，你也要相信未來需要你幫忙的「客緣」能量。

儲備「客緣」，就是「客源」的最大來源。

「自信」來自成功經驗次數

創造成功經驗值

許多人是抱持「我想改變」學習銷售，他們常常是學習沒問題，而且夠努力，但是成功後大多是執行有壓力，非常可惜！

他們可以相信產品、卻很難說服自己更該相信自己，殊不知挫敗的關鍵還是來自於自信不足。

「成功端看態度，態度取決於自信」

我們不妨藉由短期促進自信的方法，達成建構自我相信的能力。

「成功有許多來自於『偶然』，但成功絕不會從『僥倖』發生。」

在銷售的過程中常有從「無心插柳」中發生的，但並不是無所作為就可以「坐收漁利」。你仍舊要順勢抓到了機會、逮到了偶然，進而「經過努力」的步階，才能成功攀登峰頂。

「經過努力」就是如何將別人的成功模式揣摩學習，成為自己感受過的經驗值。
「成功來自於經驗次數的累積」（除了結婚之外）。

沒有成功經驗，相對無法相信自己是否會達成目標，所以灌輸成功價值（以小成功經驗次數，累積大成功的能量），就是克服缺乏成功經驗的不二法門。

自信→來自「自覺」
「自覺」也就是「自我催眠」、「自我暗示」
→第一個影響潛意識的方法：不斷地想像改變自我的一個影像和圖片；譬如想像著一年後，你將擁有夢想的百萬名車，並且正駕駛「它」的影像，或將「它」的照片放在你隨時都容易看到的地方，並告訴自己一年後你將擁有「它」。

→第二個影響潛意識的方法：要不斷地自我暗示、自我催眠，想像著自我能力不僅於現有表象，一定有更強大的能量等待自我挖掘。

專家認為這就是右腦圖像開發，也是大腦鮮少使用的部分。
更有聽聞人類的大腦歷久彌新，就連天才物理學家愛因斯坦（Albert Einstein），大腦使用率居然只開發 10%，而一般人的大腦使用率僅約 3 ～ 4%，如果真是如此，人類的潛能或許真有無限的想像空間。

國際知名潛能大師，博恩·崔西（Brian Tracy）曾說：
「潛意識的力量比表意識大三萬倍。」

我們可能無法得證**「潛意識」**是否真有三萬倍的恐怖爆發力，但我們真的可以深信「潛意識」就是一種意念的力量，協助我們突破現狀的力量，是潛藏在體內的爆發力，透過自我對話、自我肯定，產生的自我激化、自我催眠的向上反應。

我就舉個自己的親身經歷吧！
年輕時投入保險事業，沒有人脈資源的我，開發客戶時又常碰壁，正處灰心之際，無意與我主管聊到，我身上靜電很強，和客戶握手時常有觸電情形發生，讓我困擾不已。
我的主管突然驚訝地對我說：
「永堯！恭喜你啊！這叫正能量，表示你的 power 很強，跟客戶很容易來電，公司有許多 Top Sales 都具備你這樣的特質喲！」

這句話讓我重拾自信，瞬間振作，認為自己可能真是業務奇才，就這樣簡單相信，幾年下來業績果真大有斬獲、突飛猛進。

我信以為真的相信自己是奇才七、八年後，無意間從電視健康資訊節目得知，原來我的「特殊才能」，是長期疲勞缺氧產生的酸性體質 + 皮膚乾燥引發的「靜電現象」，只要睡眠充足及保濕滋養皮膚，就能改善觸電現象。

幸好是七、八年之後，才找到我「特殊才能」的原因，否則我應該早就放棄銷售領域了。我也不知道，對我的主管是該感謝？還是該生氣？這已經不重要了！因為這份「自我相信的意念」，已經讓我銷售果實成長茁壯，毋需任何懷疑！還是感謝主管的善意啟發吧！

自信是「潛能」的放大鏡
創新工場董事長李開復在《做最好的自己》一書中，將自信心比喻為個人潛能的「放大鏡」，相當貼切。
有自信的人→「將潛能轉化成前進的驅動力」，突破個人框架，就像身處「凸透鏡」面前，產生「能力放大效果」。

反之，如果因為缺乏自信而忘卻潛能力量，就如同站在「凹透鏡」前，讓自己的潛能被埋沒縮小，而限縮可能發展。

一個人自信與否，也可能導向天壤之別的成敗結局。**李開復說，自信的人敢於嘗試新領域、挑戰自我，因此成功機率更高，性格也更樂觀、有信心，形成一個正向循環；自卑的人則因為恐懼失敗，凡事畏首畏尾，難以體驗成功的快樂，由此變得更加消極自卑，與前者產生截然不同的自信循環。**

★祕笈 12★強化自信（三）自信雙引擎

自信雙引擎→專業能力 & 從容不迫的表達

專業產生無懼自信
強化自信的最大靠山莫過於**「產業專業能力」**
專業能力是用來**「滿足」**客戶，絕不是用來**「教育」**客戶～
客戶有**「知」**的權力，不代表有**「被灌輸專業」**的義務～

專業能力的我們要做到的是：
→對產品認知自信的能力
→助客戶使用產品的能力
→解決客戶使用產品疑問的能力

記得有一次我和老婆去買洗衣機，店員推薦我們一台「五大智慧偵測洗衣機」，他接著說:「它有獨家Vario不鏽鋼滾筒設計、自動安全斷電系統、泡沫測感裝置、水溫控制系統、衣物平衡感知系統……，這是最新的智慧洗、脫、烘三效洗衣機」。

其實我老婆喜歡「它」的外型，但價格不便宜，由於店員介紹得很專業，可是我們真的聽不懂，如果發問是不是又覺得自己是不是太笨，索性到別家再參考看看！

到了另一家店，又看到同款的洗衣機，我們就很自然地走到洗衣機旁，店員看到我們似乎心有所屬，就說：
「您們好！一定是有朋友推薦您們這台洗衣機是嗎？」
我們並沒有回答，他接著說：
「這星期就有三組客人，是朋友推薦來買這台洗衣機喔！」
「您們有什麼特別需求的功能嗎？」
我回：「沒關係！你說說看。」
「它是最新的智慧型洗、脫、烘三效洗衣機，
「它會隨氣溫殺菌，自動調高水溫讓我們不用害怕冬天洗衣又殺菌，
「它會直接感應衣物泡沫殘存量，不讓衣物殘留泡沫，
「它不只是扭轉衣物，還會有拍打動作，讓衣物纖維不至於破壞，
「它擁有多項烘吹裝置，烘完可達 95% 乾爽，且不易起皺……。」

最後我們在這家以同樣價錢買了這台洗衣機。只因為我們完全聽懂產品帶給我們使用上的好處，如此而已。

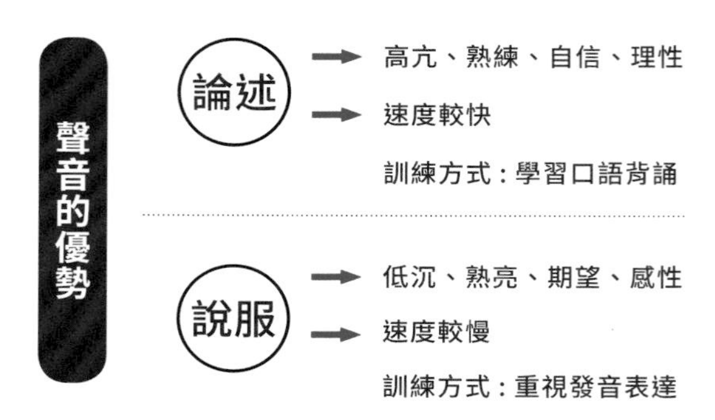

自信來自從容不迫的表達

銷售者有無自信，很容易從口語表達顯現出來，在銷售溝通過程中，有兩個階段透過「聲音的口語優勢」，最容易突顯自信表達的權威感：

第一、專業的論述語調：

專業論述等同於你的專業能力之表述，通常可能是枯燥乏味的條文、專業知識、產品機轉原理、成分組成、產品特色。

為彰顯你的專業熟稔，我們口語速度不能慢、不能有質疑、打結、過度思考的生疏感，讓我們專業度當場破功打折……

我們要展現的是「專業、理性、和熟練的鏗鏘有力」論述自信。

你也許會問，說這麼快，客戶聽得懂嗎？

你放心！如果客戶對專業論述有興趣的部分，一定會主動提問，此時我們再轉換溝通的感性說服語調對應即可。

自我訓練的方式是學習把專業論述條列整理後，「口語背誦」成日常基本功。

第二、感性說服語調：

感性的說服語調就是「銷售溝通」、就是「帶領成交」的最佳口語表達模式。

放大「同理心」的「感受」；「交情」取代交易；**「朋友」**取代客戶。

你賣的不是產品；你賣的是情境帶來的「感動」。

你賣的不是價格；你賣的是人性賦予的「價值」。

低沉卻輕柔的底蘊，如同溫馨關懷的呵護；

釋放武裝的警戒，找回人性最簡單的期望。

訓練方式：口語表達練習，先將聲音放慢，以「抑、揚、頓、挫」融入說話中，重點結尾帶氣音收尾。

自大～自信過了頭～就是忘了自己是誰～

我老婆曾說：「男人有了錢，和誰都有緣！」這點我就非常佩服我老婆，她怕我無心陷入自大的迷惘，用誠意跟我協商，商議每月給我 2 萬元零花，如果不夠用，再向她申請，為表內心坦蕩，我當然深表贊同，

說也奇怪，這十多年來未依物價指數調漲過，每個月似乎也都還夠用，而且還真的感受不到和誰特別有緣！（寫出來是我願意提供擔心自信過度的男性參考）

★祕笈 13★強化自信（四）培養自信心

培養自信，就必需先從內心肯定自己、相信自己開始，我們可以不斷透過外在學習、以及親身經驗、見證所產生的信心，再經由表達力完成分享說服，昇華成攻無不克的堅定信念。而培養成自信心，在銷售的經營學習中，如何循序漸進建構自信城堡，我們其實可以從以下幾點簡單做起：

說服自己，相信己能

「你這一生中最需要說服的客戶就是你自己！」你同意這句話嗎？你實踐過這句話嗎？如果這句話我們真能透徹履行，我們必將贏得外在的絕大多數客戶。

而這句話會被有效實踐，它似乎都必須在相信自己有絕對能力的狀態下建立，但能靠自己力量做到的，的確是少數。

所以當挑戰一個嶄新的目標，**許多人嘴裡說挑戰，心裡卻開始犯嘀咕，開始秤秤自己斤兩，開始體悟「不戰而慄」的感受，彷彿是台灣運動競技團隊出國競賽前，常常告知國人的口號：「志在學習觀摩，不在得標。」**然而最終結果是什麼？你還會有所期待嗎？

就算是過去沒有許多成功經驗值，你都必須建立正面思考，抱持**「別人行，我也一定可以做到」、「我不做，我永遠都不會」**的不服輸態度，讓自己的能力有彈性延伸的視野空間，而不受狹隘思維將能力捆綁桎梏。

成為最佳的產品代言人

再好的產品，也要有優秀的代言人幫它說話才可能發光發熱，大放異彩，我們無法達到影星名模那般絢爛奪目、主客易位的代言模式。

所以我們要讓產品回歸主角地位，
我們代言的方式是讓產品在我們身上展現效能，
無論是身體、生理、心理乃至生活的改善，突顯產品需求價值。

熱衷產品，大量使用產品，一旦自己使用產品受益匪淺，感受轉化為感動，正如誠於心，形於外，「好東西自然要與好朋友分享」的健康心態就能成形。
產品有了成功經驗值，就會產生信任，在未來銷售分享中，就會從產品中贏得自信，成為真正「貨真價實」的產品代言人。

找出失敗的理由

不要為失敗找藉口，但一定要找到失敗真實的理由，失敗絕對事出有因，不去面對癥結，失敗的心錨（陰影）將永遠跟隨，別以為轉換心情就會沒事，那只是暫時逃避的偏安藉口，問題依舊無解，再碰到類似狀況，似乎潛意識就會無助地自動豎起白旗。

所以哪裡跌倒，那就在哪裡站起來，哪裡失敗就在哪裡找答案。失敗並不可怕，可怕的你不知道你為什麼失敗？生命本就是一連串成功與失敗的組合，沒有失敗，成功就不具任何意義。

失敗是成功的進行式，失敗是奠基成功的階梯，失敗自然就可愛許多，它就是轉化成邁向成功的自信動能。

一句話與你分享共勉：**「龍困淺灘招蝦戲，但他依究是龍；虎落平陽被犬欺，但他終究是虎。」**只要有實力，一時的挫折困境，是無法遮掩你的能力。朋友，你是龍？是虎？還是……？珍惜緣起，相信自己，挑戰失敗，成功就在不遠處迎接你！

★祕笈 14★積極正面的能量（一）「自信超人裝」

～執行力～ 不怕你沉寂　就怕你消極

積極正面的態度，創造強而有力的執行力，更能快速有效的打造成功的特質，給人莫名放心倚重的信賴感。

「不怕沉寂　就怕消極」、「不怕苦　不怕難　就怕沒方向」

銷售工作難在持續有效的自我管理、自我督促以及自我要求，銷售不只是體力活，更是情緒控管的持久戰，誰能保持情緒高昂避免陷入低潮，越是能創造積極正面環境及思維，就越能分辨戰果之優勝劣敗，

給自己一套「自信超人裝」

「人要衣裝」、「佛要金裝」，

銷售者更需要一套專屬的「超人裝」。所謂的「超人裝」，不是叫你緊身衣搭披風，外加內褲外穿；而是穿搭一套讓你感到榮耀、超越自我的個人（或團隊）專屬衣裝。

穿戴驕傲自信

記得學生時代，即便是假日，西門町還是滿街學生，我們通常不會穿校服上街，因為我們不是建中、師大附中、北一女、中山女，但我們一定看得到這些名校學生，不少比例穿著制服出現在西門町。

我們不會感覺他們是顯擺臭屁，因為聯考是公平的，穿校服上街就是他們的榮耀，我們也只能在背後致上～羨慕的眼光～

「一日陸戰隊、終生陸戰隊。」我有一位學長，56 歲了，每天都穿著一件「陸戰隊 T 恤」，數十年如一日，沒想到，以陸戰隊為榮，還省了一輩子治裝費呢！

學生時代的棒球隊服、金門服役的三角徽章軍服，都曾是我年代歲月的驕傲烙印。

保險服務期間，有幸成交一位提攜有恩的上市公司大老闆，他曾送我兩條領帶，我一直把「它」當成寶的繫在身上，隨我東征北討，參與我的銷售工作。原因無他，就是繫上領帶是我對自己的肯定，更是內心感受客戶給我的祝福！

二十多年過去了，至今「它」仍陪著我走遍台灣、中國大陸、新加坡、馬來西亞的每個講台，「它」對我而言，已不是一條「領帶」，而是我的「幸運之神」，帶給我的是無比的自信與驕傲。

我們從事業務行銷工作，一定有一些幸運之物陪你走過銷售的酸甜苦辣，想想！也許是一雙（高跟）鞋、一條領巾、一件襯衫或一個手提包，只要和你一起走過的美好銷售經驗，賦予它「幸運之神」的角色，讓它帶給你幸運及自信，提高你的成交機率。

★祕笈 15★積極正面的能量（二）走路加快 25%（積極）

積極快步才能走向成功

「走路有風」，過慢可是起不了風。有的人看起來「很拉風」，若沒有朝氣蓬勃的氣勢，似乎讓人難以優秀者、成功者連結聯想。外在的影響力是最直接的，是陌生大眾對我們最直接的評斷！

心理專家指出：步行的速度和姿勢與人的心理、性格有關，身體的動作是心靈活動的結果，藉由改變走路的速度，是可以影響改變心理狀態。

有朝氣、有自信的人，走起路來似乎都不會太慢，他的步伐如同告訴世界：**「我很充實，我相當忙碌，我正積極快速地走向成功。」**

「消極」沒有快步的能力

相對的，人在難過、沮喪的時候，步調就很難快得起來。你有看過失業、失戀的人，手舞足蹈、快步輕盈的嗎？

走路的快慢，就好比聽歌，有一首歌的歌詞好像是這樣寫的：「傷心的人別聽慢歌」，都是異曲同工之妙，都可以改變一個人當下的情緒，更可以讓外人感受到你現在的心理狀態。

「走路加快 25%」對生理反應也有直接作用。它會刺激一種叫「腦內啡」（endorphin）的荷爾蒙產生，它還可以減輕壓力、緊張和焦慮，增進大腦細胞活化功能，提高我們的機敏度和集中度，而這樣的生理機制也會反應在心理作用，釋放更多積極、樂觀、愉悅，讓人感覺良好的心理氛圍，增強自尊心和自信心。

所以，不管你現在走路的平均速度為何？儘管你都已經習慣自己的步調了，還是
建議你可以試試使用這種「走路加快 25%」的方法，抬頭挺胸，走路再快一點、帥氣一點，你就會感覺到自信心在滋長。
當你「真的執行」改變「走路加快 25%」的指令時，你會有非常明顯的感覺，那就是自己似乎有很多事要做？很多事要忙？卻不知有何事該忙？又有何事要做？

快步帶動積極思維

這會是你執行動作後的標準答案，其實你大可放心！而且我還要恭喜你，此時你內心思維也會在這種力量的驅使下，會積極找事來做。久而久之，你會漸漸自然習慣這樣的步調，思維更臻積極慎密豁達，行事也就更有方寸且圓潤成熟。

這樣簡單易學、執行又不困難的改變模式，不管是個人或銷售主管，都可以參酌的訓練機制，我過去帶組織或做培訓，都會加強該項訓練要求。
而成效立竿見影的是：

1. 減少不必要的負面情緒。

2. 上揚的積極執行工作能量。

3. 正面愉快的工作態度。

建議各位，現在就站起來，挺起胸膛、邁開步伐，「走路加快 25%」，改變就此開始。

★祕笈 16 ★積極正面的能量（三）肢體動作放大 25%（誠意）

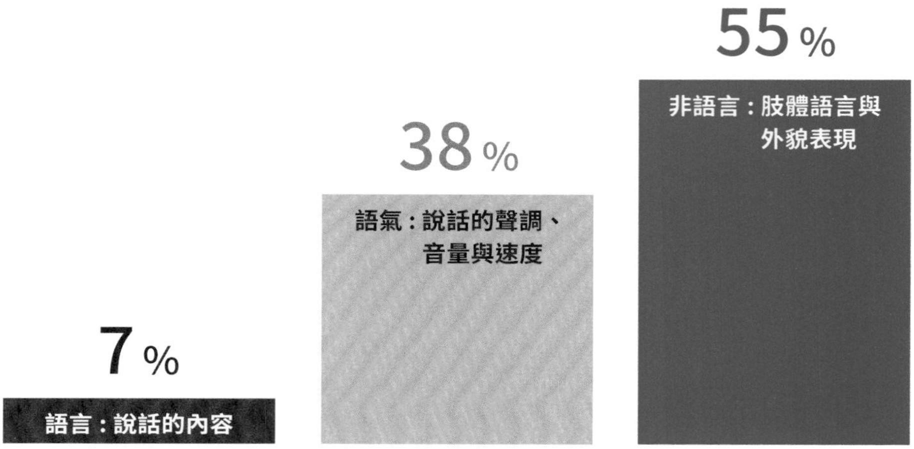

7 %
語言：說話的內容

38 %
語氣：說話的聲調、音量與速度

55 %
非語言：肢體語言與外貌表現

55-38-7 溝通定律

活動、活動，要活就要動，肢體運動，對身體健康是重要關鍵，這觀念大家都懂。但銷售者，你必須明白什麼是「肢體動作」，更應該說，你必須懂得什麼是「肢體語言」。

相信你一定在很多地方，聽過這樣的說法吧：我們的溝通，有 55% 是來自於身體語言，有 38% 來自於「語調」，只有 7% 來自於說話的「內容」。這就是根據加州柏克萊大學心理學教授 Albert · Mebrabian 提出的 7 / 38 / 55 溝通定律，顯示出「肢體語言」的魅力影響和奧妙。

「肢體是不會說謊的誠實家」，肢體往往比話語裡透露更多真相。「它」就是我們內心思維的反射動作，讀懂肢體語言的同時也讀懂對方的內心，而不容易被客戶表面的話給「善意欺騙」了。

常見客戶拒絕的六個肢體動作

行為科學專家 Gerard I. Nierenberg 和 Henry H · Calero 分析六個銷售溝通中，客戶最容易出現的肢體動作。如果不懂「察言觀色」亦不懂得「肢體訊息」，導致無法適時轉向或調整，那就等同等待拒絕通知而已。

@ 手臂或雙腳交叉：

客戶於胸前交叉雙臂或雙腳交叉時，在心理上，這個動作表示一個人正處在防禦狀態，想法上目前處於未認同對方的意見或想法，若持續 5 分鐘以上你仍無法改變他的姿勢，這次面談已經 80% 無效溝通了。

@ 不停看錶（手機）、時鐘：

這個動作表示表示對我們的溝通話題完全沒興趣，甚至感到焦慮不安想要趕快離開。希望我們識相地趕緊收尾結束。

@ 嘴笑，眼不笑：

嘴巴可以撒謊，但眼睛做不到。若一個人笑容，笑意無法傳達到眼睛，甚至看到眼周細紋——如果眼神沒有笑意，客套應付、隱藏真實想法，就是客戶傳遞的訊息。

@ 眼睛無神、閃躲不願正視：

心不甘情不願地與我們碰面。想想對方是被我們勉強赴約的嗎？如果是，人到心不到，標準的無效邀約，浪費彼此時間而已。

@ 以雙手掌托腮：

覺得當下話題無聊、不感興趣。但如果不是面無表情，代表不排斥你下個話題的到來。

@ 向椅背後靠，且身體下沉：

對當下的情況感到失望不自在，而且覺得該放棄與我們的溝通。

「嘴說得再動人，不如肢體表忠誠」

「肢體不會說謊」，相對的，客戶也可隱約從我們的銷售肢體動作中，自我解讀，不管對錯，都可能成為他的既定判讀認知。

「嘴說得再動人，不如肢體表忠誠」，如果你可以確認銷售的產品真是「客戶需求」，對他有所幫助，甚至於解決他當下的問題，而不是心中懸念著這筆 Case，我可以獲取多少佣金報酬，否則我們就可能被「看破手腳」。

那究竟該如何表達肢體誠意呢？就像前述所言，我們在意的是產品對他真實的「需要」；而不是我們掛念著自己佣金的「想要」。只要有如此坦蕩之心，就讓肢體大方自然的說話吧！

有趣好玩的「肢體不說謊」測試

你知道嗎？當我們說話時，身體會有自然的律動，而這個協調性的動作，就是「身體語言」，只要我們語出心誠，動作就自然、協調、順暢而不做作；反之，身體語言就容易「破綻百出」，做作不自然，突顯刻意之心。

我們不妨來做個簡單又好玩的測試！你就能感受到肢體「真的」不會說謊喔！

就用「真的」這個字來測試吧！
首先請你用最「真心、肯定」的口吻說出：「真的！」二字，用心試試看！有發覺嗎？你的肢體做了什麼動作嗎？
對！就是「點頭」和微握拳的動作，越是出自真心，點頭的速度就越和緩，肯定的口吻就更明顯。

接著我們來以「驚訝」同樣地說出:「真的！」二字,如何？察覺肢體做了什麼反應了嗎？嘴不自主地張大許多，二手掌微張上揚吧！試著慢一點，嘴再大一點！驚訝、驚喜的感覺就更貼實。

再來我們以「懷疑」的口吻同樣說出：「真的！」二字，再感覺看看！是不是嘴斜眼邪的表情和身體斜傾就出現了呢？
相信「肢體不會說謊」嗎？馬上就可以得到印證：
我現在請你用「真心、肯定」的口吻說出:「真的！」但要做出驚訝的動作，或用「驚訝」的口吻做出「懷疑」的動作。你試看看！～（別勉強自己了，做不出來，是吧！）～

肢體動作放大 25% 吧！

相信肢體會自己說實話吧！如果我們腦袋思考著說謊或編織故事，就盡量克制肢體語言的律動吧！雖然還是會虛假不自然。

相對的，如果我們是出自真心幫助客戶，那就釋放肢體動作吧！甚至肢體動作放大25%，讓肢體協調律動，帶領真心口語表達。讓肢體語言幫我們的「用心」發聲感動客戶。

★ 祕笈 17 ★ 積極正面的能量（四）說話速度加快 25%（同頻）

說話速度加快 25%（同頻）

腦筋轉得快，說話自然就快，表達的語意也會比較清晰，人看起來也精神靈活，但由於說話節奏快，有時會讓人跟不上；反之說話慢的人，會琢磨半天又再三斟酌後才捨得把話說出口，雖然不容易說錯話，但有時會錯過把話說出口的時機。

我要表達的不是說話速度慢就不好，說話速度慢也有許多優點，譬如比較有耐力，堅持力較強、慎思謹言都是他的優點，但**從事銷售工作，成交就是使命，我們不可能以個人為思考中心，所有成交因子都是客戶散發的訊息，我們只能因循所有成交可能因素，調整自己的銷售模式。**

說話速度對頻，溝通就有節奏

銷售溝通中最害怕「急驚風最怕碰上慢郎中」，最怕與客戶對不上說話頻率，話難投機，更遑論投緣。

說話速度對頻，溝通就有節奏，有節奏就有協和感，所以客戶說話慢一些，我們就用相同頻率慢一些；如果客戶說話速度較快些，我們就把說話調整快一些就好了呀！哈哈！

說話快轉慢不難，誰都可以辦到；但是如果我們本身說話速度慢，要轉快可是瞬間辦不到的啊！慢轉快，應該說改善說話的速度，是銷售工作者可以自我要求的。

看書看報 VS 讀書讀報

至於該如何訓練說話速度，其實非常簡單，把日常的看報、看書，改成讀報、讀書，在「咬字清楚」的要求下，速度要越來越快，每天練習、隨時練習，不用一個月的時間，不僅你的說話速度變快，就連邏輯思維也隨之敏捷。

和客戶溝通時說話速度加快 25%，讓自己進入「機靈表達」之列，最重要的是你能快速地隨對方的說話頻率跟進、創造共鳴效應，或隨客戶頻率調緩，讓對方感受到尊重，給予良好的溝通環境。

★祕笈 18★積極正面的能量（五）撰寫成功日記（自勉）

成功日記 = 每天激勵

你有寫日記的習慣嗎？如果沒有，那你會寫週記嗎？還是打算一年寫一次年歷（經歷）就好，還是你更瀟灑，準備為自己的一生寫一本傳記呢？

如果你有寫日記，你都寫些什麼呢？

如果寫日記寫錯了方向，那還不如把時間省起來，早點入寢、補充睡眠較務實受用。

其實我們都了解，一般寫日記的目的是抒發情感，但夜深人靜，獨坐桌前，情景使然，多數人寫下的彷彿是一天的煩惱、委屈、失敗、心痛，一股腦兒傾瀉、吐苦水，如此日復一日，只要一坐桌前，翻看昨日，細讀前日，每天竟是不如意，頗有海海人生，苦命過一生之憾，又如何能一夜好夢，一覺到天明，而隔日早晨又怎麼可能有精神飽滿、鬥志盎然的起點？

什麼是成功日記呢？要取得成功，最重要的態度是相信自己會成功。成功日記是為了增強自信心與提升正面能量，當挫折時可自勉而寫的日記。

就從今天起，寫寫日記，不需要文藻修辭（你不是在寫作文），更不用長篇大論。

「條例摘要式」

建議你採用「條例摘要式」的寫法，不必擔心以後看不懂自己寫些什麼，因為那本來就是你記憶的一部分，反而更能夠讓你的腦袋瓜在記憶中激盪。

開始著手讓日記記載成功，累計成功的感覺，記載的是興奮、快樂、驕傲、今天做對的一件事、講對的一句話，每天的優秀，越寫就越帶勁，一夜好夢，明天自然又是一個朝氣蓬勃的一天，良性循環，士氣就能常保巔峰狀態。

銷售訓練常以**「潛訓」**做激勵，**但「外在激勵」是有時效性（通常 10 ～ 15 天後效能遞減）**，所以許多人是靠不斷回鍋受訓來維持情緒與戰力，如果能再搭配內在激勵（成功日記），必能內外呼應，實收倍數之效。

★祕笈 19★積極正面的能量(六)接近成功者，遠離負面者

他山之石，可以攻錯

潛能激發大師安東尼・羅賓：「別人能成功，你就同樣能成功。這跟你的能力無關，而關鍵在你使用的方法，也就是模仿『他』是怎麼去辦到的。他之所以成功，必有成敗苦處、也必有過人之道，但你可別走『他』的老路，只要走進令『他』成功的經驗中，這就是你的成功捷徑。」

安東尼・羅賓也曾舉了一個他培訓的個案為例：
安東尼・羅賓和美國陸軍簽定合同，協助陸軍提升射擊技能。
他先找出陸軍前三名神射手，跟他們相處二個星期，並且找出他們在心理及生理上的過人之處，歸納正確的射擊要領。
隨後只利用二天的培訓期，對陸軍種子教官做正確的射擊要領訓練，
課後直接進行測試，令人意外的是居然所有人都及格，
而列為最優等级的人數竟是以往平均值的三倍多。
「他山之石，可以攻錯」，人生大部分的成就，最根本之道，就是從他人的成功道理中汲取經驗再創新知。

「沒有慧根，也要會跟」

安東尼・羅賓的華人大弟子陳安之也說：「成功最重要的祕訣，就是要用已經證明有效的成功方法。你必須向成功者學習，做成功者所做的事情，了解成功者的思考模式，加以運用到自己身上，然後再以自己的風格，創出一套自己的成功哲學和理論。」

我們可能沒有相當的智慧成為一名「創造者」，但我們機會選擇成為一位「跟隨者」，將來就有機會變成「領先者」。
萊特兄弟創造了「飛機」的概念、
瓦特發明了「蒸汽機火車」、
卡爾賓士創造了「四輪汽車」……
就因爲這些「創造者」創出一套自己的成功哲學和理論，讓後人以「跟隨者」之姿，足以在成功基礎中汲取經驗，再創新知成為「領先者」。
跟緊成功者的步伐，學習成功者的智慧，以「跟隨者」之姿，至少免於落入「淘汰者」之憾！

遠離負能量是「智慧」
「近朱者赤，近墨者黑」、「孟母三遷」的因果是「環境」，
「遠離負能量，是一種智慧，也是一種能力」。
「從你的朋友群，就已看出你這輩子的盛衰榮辱」。
如果我們定心的能量自己都無法確認，遠離損友吧！他會羈絆我們向上的力量。
那些**「日夜顛倒」、「溺於安逸」、「好大喜功」、「妄語當道」、「喜樂無常」、「道人長短」、「寡失誠信」、「批評無度」、「饞言誹語」、「誇言自負」、「離間挑撥」、「信口開河」、「道聽塗說」、「旁門左道」、「怪力亂神」、「性格乖張」、「怨天尤人」、「口蜜腹劍」、「無視倫常」、「營私結派」、「嫉妒埋恨」、「背德忘義」**……以上種種之人，請退散遠離我們的生活日常吧！莫讓無形「物以類聚」的披衣，悄然上身而不知！
排拒一切負面可能，積極主動迎接正向陽光！

第三章

銷售技巧篇

★祕笈 20★激發靈感活化創意

大腦啟動預設模式～靈感

人生最有價值的動念叫靈感～放空，是大腦預設模式的開關～啟動靈感

創意更是一種生活情緒反應的「靈感」表現，與個人智商能力無關，「靈感存在生活中的瑣碎片段，乍現而不復記憶。」

創意來自靈感 > 你敢～想像 > 你敢～行動
敢秀你就是贏家，就算是天馬行空都是一種進步，創意無限，自然銷售生機處處皆逢源

創意大多是有邏輯的瘋子～
有想像力才有創造力～愛因斯坦

想像力創造知識，知識通俗後就成常識
所以知識是別人印證過的想像力

愛因斯坦曾說過：「想像力比知識更重要。」小時候我們充滿了天馬行空的鬼點子，但在長大後，「固有的知識」卻主動快速過篩我們的創意想像，只著重在垂直思考（知識、邏輯），而忽略了水平思考，也改變聯想事物的能力。創意就像知識一樣需要培養、訓練，只要你願意培養創意思考（靈感），它將帶給你的人生無限收穫。

如何培養行銷創意思考（靈感）

世間沒有保證能夠製造創意靈感的方程式，但這不代表沒有提升創意的方法。以下便是蒐集許多成功人士的創意培養處方，大家不妨多參考運用。

九大「激發靈感活化創意」技巧

・永保好奇心：「我沒有特殊的天分，只是熱切地充滿好奇。」——愛因斯坦（Albert Einstein）

有好奇心，就有求知欲；有想像力，才有探索、追究的精神。凡事多點好奇心，看看別人的巧思創意，激盪可能的想法空間。

「只要有足夠的好奇心，一股想要探索真相的動力就會源源不絕而來。」

「人生的高度由自己設定，想到多高，那就讓好奇心推你到多高。」

・培養觀察力：培養觀察力就像是打開你的日常生活的天線，接受對頻的發想能力。觀察力會提高我們感官的敏銳度，間接集中我們的專注力，強化我們判斷思考邏輯，而直接鍵入到我們的記憶空間。

・多看媒體廣告：你看連續劇嗎？有句話說：「演戲的是瘋子，看戲的是傻子」，這句話對錯看你怎麼去定義，一個行銷人如果懂得投入劇情，揣摩角色扮演，對銷售是有加分效果。可是你要知道，「戲劇」的背後金主是「廣告主」，**以秒計費的廣告是廣告媒體人的集體智慧，這是免費創意激盪最好的訓練場所**，身為行銷人的你千萬不要錯亂角色位置，廣告是你看電視的重點。

・圖像化思維：把看到的、聽到的、聞到的、碰觸到的，**以真實的或模擬的影像、圖像植入腦海「印象化」**，「它」就會成為腦海記憶體的片匧存碟，這就是大腦記憶存檔翻檔首頁。

當大腦啟動思維連結的時候，就會主動打開記憶體存匧，快速搜尋翻頁，尋找相關的印象存檔，印象存檔越多，思維創意連結能力就越強。

・天馬行空胡思亂想，俯拾皆可得：當思考打結時，先將腦袋放空，離開現在的思考位置，從表意識轉換到潛意識，無厘頭的擺脫約束、擺脫制式的流程，讓腦袋無意識神遊都行，就像是電腦當機的標準動作「重開機」，不要死守成規、不要設線畫框，胡思亂想獲得就有不同。

・ **多元豐富的人生體驗：**靈感創意需要多元養分的來源：

1. 自己的故事：個人的人生經歷體驗是最深刻的題材，無邊際的各種嘗試體悟，都會成就未來靈感創意的片段。

2. 別人的故事：想要從別人身上擷取經驗題材，最直接無礙的方式就是閱讀他的書，吸取他的經驗。如果你每每踏入書局時，有著進入浩瀚無際宇宙寶庫的歡喜振奮的情緒，你就可能有無際無邊的靈感創意題材。

・**隨身攜帶錄音機：**將開車、坐車、任何發呆做夢的時刻，將腦袋的靈感創意，透過聲音，將最清晰的片刻，用錄音帶記錄下來。再將靈感點子創意用條列式記載製作**「點子筆記」**，「備檔存用」。

・**短暫跳出生活圈的「旅行」：**世界之大無奇不有，現代的交通，縮短了世界的距離，也放大了我們的視野。旅遊過程中對新奇的人、事、時、地、物的閱覽，是「旅遊」給人的新的驚艷體驗和創新感受最大的收獲。

・**不要刻意勉強靈感乍現：**靈感創意確實需要不斷的思考，若苦思長久看似沒有幫助之時，則應該轉換一下工作環境，或休息等待。思考有屬意識範圍內的，有屬潛意識的。當用盡努力仍然沒有頭緒時，暫且放下問題，進行一些舒緩精神或刺激想像的活動，可以幫助創意的出現。千萬別以為這個步驟不重要，創意的奇特之處，便是意念往往於不刻意思考的時候出現。

以上九項**「激發靈感活化創意」**的建議學習模式，能有效的轉換及行銷創意的靈感的方法，「它」會快速的累積你的行銷智慧，縮短你的成交時間，及放大你的銷售視野和無垠寬闊的人脈資源。

★祕笈 21★企圖心三要素

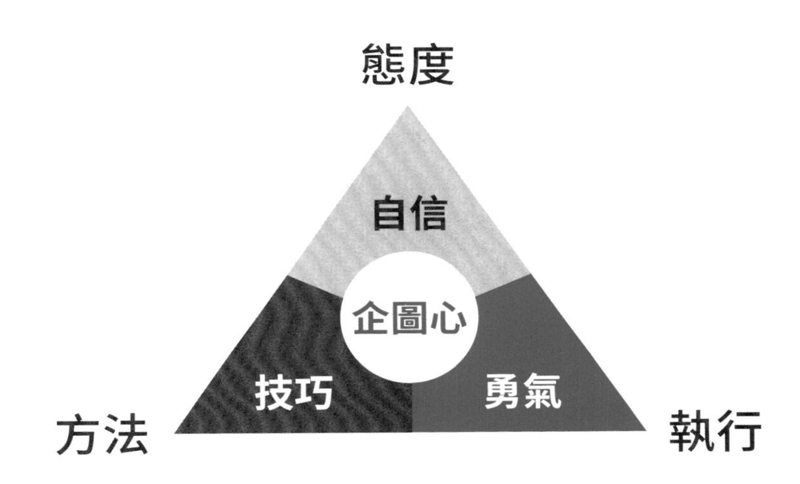

自信（態度）＋勇氣（執行）＋技巧（方法）＝企圖心

對銷售行為而言，**「勇氣總在技巧之前發生，而勇氣來自絕對的自信，當自信創造出勇氣，勇氣運用在對的技巧及方向上，就能產生無堅不摧的『企圖心』。」**

企圖心的魔力不斷被「銷售戰將」歌頌傳承，他們時常拿「企圖心」來鼓舞自己、鼓舞部屬，也有人比喻：

「企圖心像太陽，天天充滿用之不竭的能源、幹勁和光芒，照到哪兒，哪兒亮。」
反之，
缺乏企圖心者似月亮，初一十五不一樣，時盈時缺、時明時晦，心情搖擺永不定足。
3 分鐘熱度、永遠無法沸騰成就事業。

企圖心是銷售產業成功最重要的因素。即使你只是一位新加入的夥伴，產品知識不夠熟稔，人脈不夠寬廣，也沒有舌燦蓮花之能事，你照樣有機會成功；然而，你只要少了企圖心，到最後一定會熱情退卻，立場動搖，否定自己，豈能奢望功成名就的一天。

「企圖心」，普羅大眾都知曉是努力向上，不服輸的一個「名詞」，大多銷售者也都知道它的重要，但往往信誓旦旦、昭告天下自己欲努力以赴的決心後，卻**無法了解企圖心是如何由口號轉變為施力點的掌握。**這是許多人的盲點，所以我們不妨將企圖心解剖，讓我們真實掌握，扎實擁有。

企圖心是自信堅持下的產物，它涵蓋**「堅定的信念」、「依循的方法」、「確實的執行」**等三個要素，看似三個獨立個體要素，卻是環環相扣，相互交持，缺一則徒勞無功

「堅定的信念」：

「它」包含了對自己的自信、對產品的自信，更有無堅不摧的銷售信念，堅定不移的銷售意志，以及挫折快速消化轉念的能力。

最重要的是，「它」必須設定終極的成功（目標）座標，才能不偏不倚、無畏無懼，以不達目標絕不退卻放棄的精神，朝決勝的方向目標前進。

「依循的方法」：

如果「堅定的信念」是打造鋼鐵的意志，那「依循的方法」就是走在對的道路上。在銷售的概念裡，你必須要有正確的銷售理念和技巧、循規蹈矩、童叟無欺、誠信利市。

企圖心「依循的方法」，是懂得進退思考每步環節，創造「利人利己」的雙贏策略方法。

企圖心若有偏差就有可能給人「好高騖遠」、「不擇手段」、「好於心計」的印象，誤入「野心」之格，就有偏離正道之憾！

「確實的執行」：

有了不服輸的正確態度，再加上「利人利己」的雙贏銷售策略，第三個環節當然就是付諸行動，也就是「行動力」。

行動力是成功的一切根本，空有胸懷大志，卻舉步為艱，正所謂「思想的巨人，行動的侏儒」是也。

「勇氣」總在技巧之前發生，「勇氣」是行動驅策引擎，當「信念」、「方法」都有了，就大膽突破執行，言行合一兌現執念，才能擁有「雖千萬人吾往矣」的浩然正氣。

★祕笈 22★「主導客戶情緒」就是「優勢銷售」

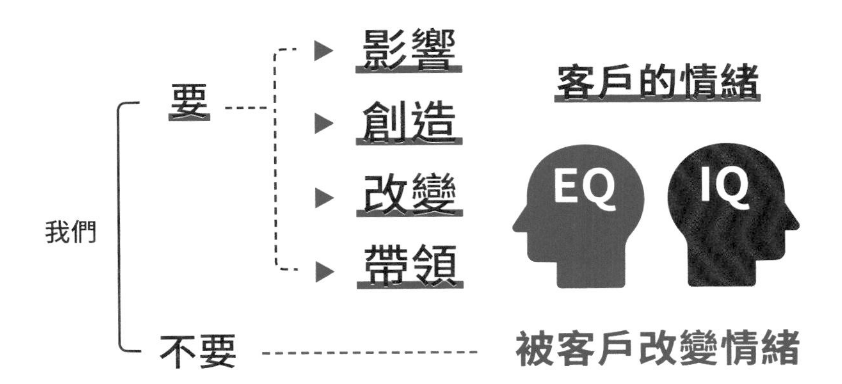

影響、創造、改變、帶領客戶情緒

我們要主導客戶情緒
你希望能主導銷售的情境嗎？
你希望能主導客戶的情緒嗎？
你希望要他笑他就笑，要他哭他就哭嗎？
如果對方情緒的兩極都能隨著你的劇本演出，
劇終的結局你當然就容易掌控。

心理專家說過：
「用ＥＱ（情緒智力）預測一個人的未來成就，準確度可高達八成！」
高ＥＱ的銷售員，能在職場上創造出一般人的 88 倍、甚至 122 倍的銷售額！ＥＱ，是你躋身卓越銷售戰將的 90%關鍵要素。

在客戶開發中，我們要盡其可能的**影響、創造、改變、帶領**客戶的情緒，
帶著我們**真誠笑容去接觸對方**，
帶著我們**風趣幽默去感染對方**，
帶著我們**人生故事去感動對方**。

也許這樣的能力需要一點時間的歷練，但最重要的是我們可千萬不要被客戶改變情緒，否則我們這盤局就已經完全操縱在對方手上，輸贏則由對方來決定。

我想在客戶開發的過程，一定會碰到一些給我們一副苦瓜臉（臭臉）的對象，當我們看到他的表情時，許多人就立刻發酵成負面思維， 便直接在內心告訴自己：「他的心情不太好！」、「他可能不喜歡我！」、「我們可能不投緣！」、「他應該沒有需要吧！」。

「不戰而降」常是陌開宿命

其實，我們這樣的結果，雖然自己也感到辛苦和無奈，但是對準客戶而言也不見得公平，試想有沒有人天生長得就是苦瓜臉（臉色不和善），可是我們卻希望他笑臉迎人，你覺得你殘不殘忍，就算他今天真的是心情不好，不正是我們改變他情緒最好的時機嗎？

想要翻盤，就直接問客戶吧！

「贏家，要伸出雙手比較容易；輸家，保持臉上的笑容是一場修煉。」

銷售沒有百分百的贏家，輸家乃是兵家常事，贏時的表現重在態度，不是難事，但是輸的退場風範，才是修煉情緒的真功夫，優雅得宜的表現，甚至有現場翻盤的可能。

失敗是客戶給我們的，所以從客戶身上找出失敗的理由，是最正確且有效的方式，詢問客戶拒絕的理由及建議我們改善的方法，這樣的處理方式是非常漂亮的，甚至有可能現場翻盤。例如客戶拒絕我們，我們可以這樣說：

「劉小姐您是非常良質的客戶，我必須自我檢討，居然無法把您需要的產品分享給您，雖然有些難過，但為了不要再犯同樣的錯誤，劉小姐請您告訴我失敗的理由，好嗎？」

別小看這樣的一席話，只要不是你態度出問題、只要產品是可被需要的、只要價錢是可被負擔的，現場翻盤，都時有發生。只聽我說是沒有效果的，做做看，你絕對會嚇一大跳，試試看吧！

★祕笈 23★銷售其實就是賣「感覺」

個人銷售者賣的「情緒感覺」
「情緒感覺」～購買意願的開始
客戶要的不是「便宜」，而是感覺你對他特別優惠；
客戶要的不是「交易」，而是感覺和你存在的是交情。
鞏固忠誠度，不如鞏固和你習慣在一起的「感覺」；
這種感覺久了，就叫「相互依賴」，就叫「朋友」。

客戶購買行為的當下，居然有大部分購買因素不是產品本身，而是產品所能帶來的「情緒感覺」。

IKEA 的行銷之道就是～**「賣產品不如賣感覺給你」**
IKEA 賣場所塑造出來的「居家擺飾裝置」視覺情境，給每個人彷彿「居家設計師」上身想像的機會，讓人們能夠去感覺出自己未來家居的樣貌。可能原本一副床單的需求，最後可能是一套「床組」的購買。

而**個人銷售者賣的「情緒感覺」**，有八成是會發生在自己身上，而客戶如果從我們身上能發覺到三種感覺，我把「它」稱之為**「三感魅力」**，客戶對我們就會倍感親切，銷售也會瞬間變得自在又簡單！

什麼是「三感魅力」?

1. 如果從你身上可以感覺到「快樂感」

→「快樂感」,誰都喜歡和有快樂感染力的人在一起,人生苦短;快樂能創造陽光,陽光能照亮內心晦暗,擺脫負面情緒,即便只是短暫的當下。感覺與你相處就會愉快,你就有價值。

→你可能懂幽默、你可能會炒氣氛、你可能會自嘲、你可能會搞笑、你可能天生無厘頭、你可能是開心果、你可能長得有喜感,只要客戶看到你就覺得開心,心情不好可能會想到你,那你對客戶而言,優點、缺點也許都是正面加分。

2. 如果從你身上可以感覺得到「安全感」

→「安全感」對客戶而言,就是對你「可信任」或「可交付」或「可依靠」,或有「被保護、照顧」等多種感覺。

→往往有自信、有擔當、有正義感的人,通常會給人一種拿得起、放得下,不拖泥帶水的俠義性格,給人充分「安全感」,而擁有這樣特質的人,往往特別受到「沒安全感」的族群(沒自信、恐懼、膽小、逃避自卑、悲觀、怕孤單、怕承擔)崇拜而心有歸屬認同感。

3. 如果從你身上可以感覺得到「優越感」

→優越感:是自我平衡和保護的心理反應

奧地利心理學家阿德勒認為,人的總目標是追求「優越性 」,是要擺脫自卑感以求得到優越感。他把人的整個生命動機作用完全歸結為擺脫自卑感的補償作用。

→客戶因爲你對他的優點(能力或相貌)的認同、肯定、讚美而產生的原本就自我認同,卻鮮少人發覺的優點,激發出來的優越感,讓他有視你如知己的喜悅!

→客戶因爲你的謙卑與讚美,讓他自我感覺良好,自認比你優秀所產生的優越感,這就是擺脫自卑的補償心理,因為你突顯他自認的優秀,他注定喜歡你,你的存在等於對應他的價值。

「三感魅力」都是運用客戶心理層面掌握的「情緒感覺」,有些可能是我們本身特質的展現,譬如幽默帶給客戶的「快樂感」,正義感帶來的「安全感」,又或者是自我矮化、成全客戶自我良好的「優越感」,只要讓客戶接受我們、喜歡我們,對銷售而言都是正面可取的成功作為!

「感覺對了!」一切就對了!

★祕笈 24★銷售是為「成交」布局

「成交」是「結果」，「準備」是「過程」

銷售的目的就是要把手上的東西賣出去，當我們好不容易找到銷售對象，你為成交做了什麼準備了嗎？「成交」若只是你銷售循環唯一一擊，或者最後一擊，你必定辛苦經營。

銷售是一個買賣雙方你情我願的溝通過程，既然是過程，就一定有細部環節，而細部的環節，通常隱藏在客戶心裡，第一時間是難以「知己知彼　百戰百勝」，將自己的能耐發揮到極致，將客戶內心的渴望了解到透徹，布局銷售過程，就能縮短成交距離！

「漂亮成交」，從銷售的三件事做起：
1. 走對的路？→計畫你成交的途徑
2. 找對的人？→找到你的最佳對象
3. 說對的話？→練就一套有效話術
OK ！你做好「準備」了嗎？那就讓我們走進「成交」的銷售布局……

銷售布局的五大部分

（五部分互有對應）請參考比對圖表

1. 銷售心理部分→銷售者

以「感性人際訴求開門」+「理性產品專業論述」+「感性關懷訴求收尾」

2. 銷售區塊部分→銷售者

主要有「銷售自我（含動機、想法）」+「銷售產品利基」+「銷售產品實證（含保證及成交）」

3. 銷售流程部分→銷售者～最重要的銷售流程配製

分為「取得信任階段」+「建立需求階段」+「產品說明階段」+「異議處理階段」+「促成階段」

4. 銷售步驟部分→銷售者

「寒暄問候」+「話題開門」+「展示說明」+「締結成交」

5. 購買心理七階段→購買者～以此為銷售應變之依據

「注意」→「興趣」→「揣摩」→「慾望」→「比較」→「信任」→「決定」

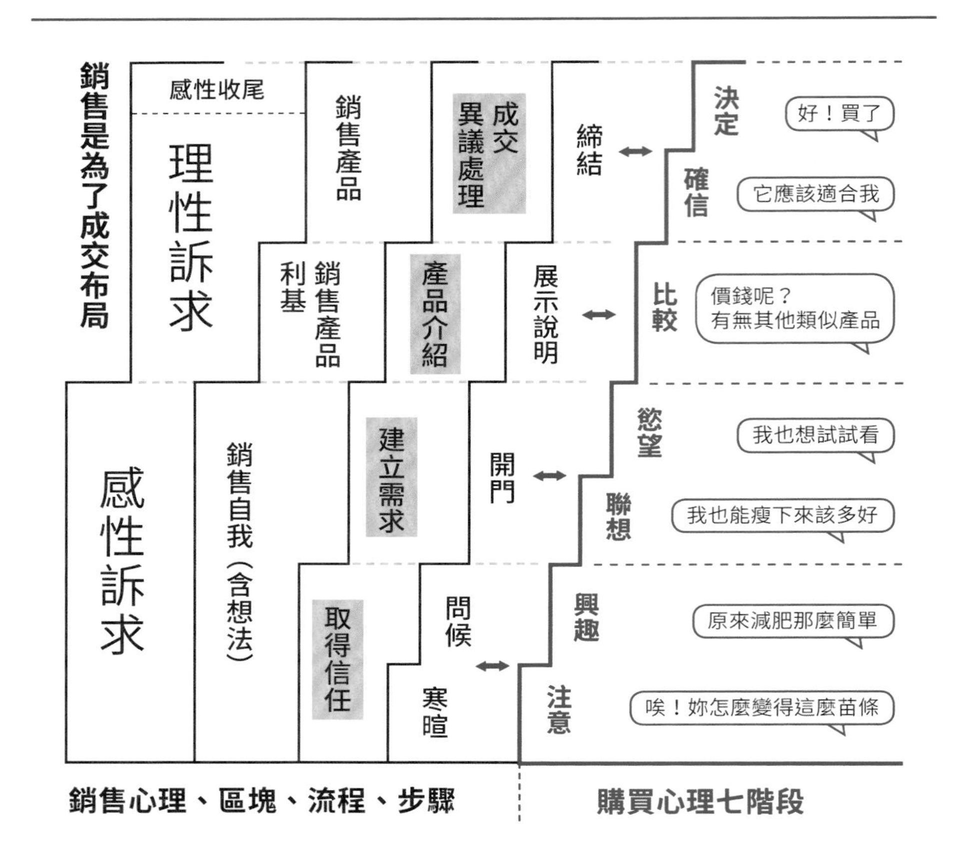

簡單的一張圖表，說明了銷售攻防的過程，
以「購買心理七階段」作為銷售應變之依據，以銷售流程為因應主軸，再與銷售心理、銷售區塊、銷售步驟等交互對應運用，衍生出許許多多因人的銷售模式與銷售技巧

銷售雖沒有絕對的標準流程（SOP）。
但客戶的購買心理的過程卻是亙古不變，即便是我們想要「隨機應變」也都有相當之準備，銷售開門到成交，可長可短，觀乎其變是關鍵，而「觀乎其變的能力」是「經驗」。

這張銷售成交布局圖就是「教戰守則」、就是「教戰布局」、就是「教戰題綱」，熟悉運用，自有一套「銷售絕技」因你誕生。

★祕笈 25★釋放「自我軸心價值」的銷售魅力

你擅長的銷售溝通取向
別說你沒有魅力　除非你讓人看了沒力
魅力就是一種氣勢 絕不會讓你馬上去勢（世）

「魅力就像是一塊磁石，會吸引人們靠近你，從你身上得到快樂、滿足、安全、自信與自在（放鬆）。」

你有魅力嗎？你擁有何等要素？魅力是一種品格　是一種氣質　是一種寄望　更是一種付託

頂尖的銷售者的吸引力→銷售的極致魅力
魅力銷售→是主動釋放→不是等人欣賞

每個人都有擅長的行銷特長，你會被客戶所接受、所喜歡，你一定有部分的特質被認同，如果我們能更深刻思考自己的行銷業務特質能力，對自己多一份了解，發揮個人特質所長，盡可能避免銷售阻礙（地雷），讓銷售道路更順風無礙！

透過自我軸心價值，進而啟動個人魅力銷售的祕訣～
認識銷售自我的軸心價值→找到適性的銷售象限
每個象限都是成功模式
差別在於～你是單元還是多元
以下兩個圖表可以相互比對找出個人銷售強項特質

DISC + 溝通取向 = 專屬銷售力

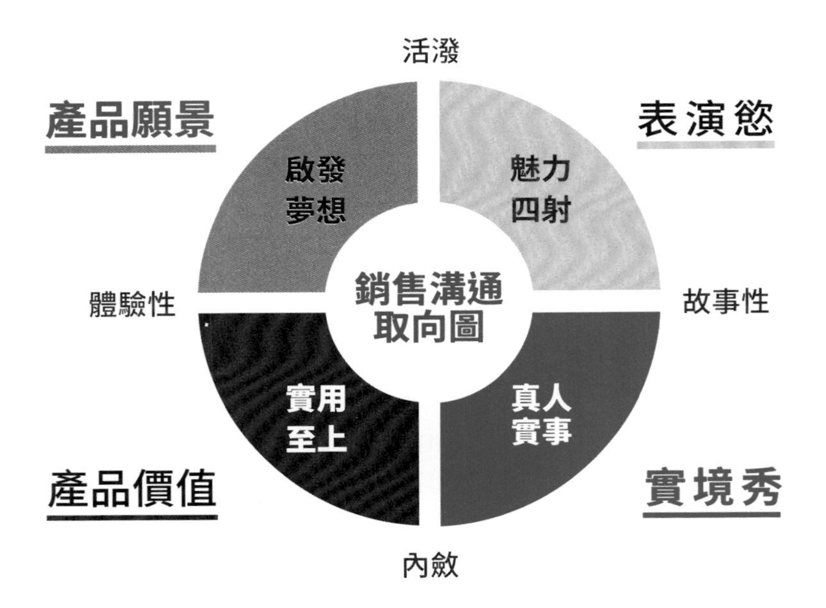
銷售溝通取向圖
活潑
產品願景
表演慾
啟發
夢想
魅力
四射
體驗性
銷售溝通
取向圖
故事性
實用
至上
真人
實事
產品價值
實境秀
內斂

DISC 業務特質分析

外向主動

D 型人／ Dominance
(執行力)

1. 給人自信專業的感覺
2. 辦事效率妥當 不拖泥帶水
3. 勇於冒險挑戰不可能任務
4. 善於個人專業執行魅力
5. 給客戶購買產品實踐的承諾
6. 善用強項 ～ 實踐力

I 型人／ Influence
(感染力)

1. 善用舞台魅力
2. 善用人際影響力
3. 多發揮創意點子
4. 善用口語說服力
5. 多談感覺、多談未來
6. 善用強項 ～ 表達力

任務導向

人際導向

C 型人／ Caution
(分析力)

1. 追求完美，重視細節順序
2. 重視實證，一切讓數據說話
3. 喜歡謹慎的思考後才做出行動
4. 強化產品實證精神，以求信任
5. 踏實求是是與人信任之強項
6. 善用強項 ～ 思考力

S型人／ Steady
(親和力)

1. 有非常高的專業穩定度
2. 善於深入淺出的溝通協調
3. 給人親切、安定、住人印象
4. 傾聽能力強，是談判高手
5. 安撫說服是強項
6. 善用強項 ～ 傾聽力

內向被動

【D 型人 / Dominance】

（執行力）

代表人物：郭台銘。
是一個勇於實踐夢想能力的人，實事求是的超級執行者。
具專業自信魅力，卻帶有不通人情的一股傲氣。
能給客戶購買產品並實踐承諾的安全感。
善用強項～實踐力和安全感。

以銷售取向來說：
→你有帶領夢想實踐的能力。
→你有開發不可能客戶的能力。
→你有給客戶安全感的能力。

【I 型人 / influence】

（感染力）

代表人物：吳宗憲。
在群體中是一個感染力超強的開心果，有他在的地方就會充滿歡笑，點子多，能言善道，很容易成為眾人焦點。缺點是話說得快，行動力往往跟不上。另外，鋒芒畢露，容易招忌樹敵而不自知。
善用強項～表達力和感染力。

以銷售取向來說：
→你有帶領客戶進入意境想像的能力。
→你有舞台表演魅力及影響他人的能力。
→你有帶給人無拘無束的歡樂能力。

【S 型人 / steady】
（親和力）

代表人物：李安。
給人非常高的專業穩健度，且有一絲不苟的做事態度。
善於深入淺出地溝通（故事）協調力。給人親切、安定、助人印象。傾聽能力強，安撫說服是強項。唯社交能力較弱，開發力待提昇。
善用強項～傾聽力和故事力。

以銷售取向來說：
→你有給人真實、安全、可依靠的能力。
→你有挖掘客戶內心世界的能力。
→你有架構故事且善於表達的實踐能力。

【C 型人 / caution】
（分析力）

代表人物：柯文哲。
完美主義者，重視細節順序（SOP）、重視實證，一切讓數據說話。重思考，實證後才會做出行動。務實是最大表徵，缺點是過度謹慎下的缺少人情味，且表達力不足。
善用強項～思考力和分析力。

以銷售取向來說：
→你有創造商品實用價值的能力。
→你是具有創造商品被信賴能力的人。
→你是具有強而有力舉證能力的人。

★祕笈 26★銷售的三階層次

「銷售」三等階

初階層次

賣東西給她(他)10%～30%＞產品導向／大數法則／或然率／經驗次數

中階層次

賣需求給她(他)30%～50%＞需求導向／經驗法則／成交率／專業導引

高階層次

賣信任給她(他)70%～90%＞交付導向／信任法則／期望值／默契關係

成交就是王道
銷售能力靠的是成交次數；不是年資多寡
銷售技巧靠的是經驗次數；不是學問多寡
銷售是一個不進則退的產業，銷售是一個實力掛帥的產業
銷售也是一個現實殘酷的產業
提高成交率是銷售成敗唯一關鍵
永續提升銷售技能應萬變
保持銷售進階實力是必要生存之道
無論你的銷售年資為何，
年資只是參考價值絕非必然！
快速爬階銷售層次是立足銷售產業不二法門
你的銷售層次屬於哪個階段？該如何爬階？
我們不妨多做了解！

銷售階級分三大層次～

1. 初階層次：
銷售動機：我要賣東西給客戶～為銷而銷

成交率：一般者成交率約 10% ～優秀者成交率約 15 ～ 30%
銷售導向：產品導向→以產品訴求為溝通主軸
銷售法則：以大數法則 × 或然率　提高成交數
銷售優劣差比：在於「經驗次數」的累積量

此階段通常處於新人層次，也是考驗新人是否存活的重要階段，主要成交對象為現有緣故圈，若無擴大人脈對象，就有風險存在，銷售模式是以量為重點、以產品為訴求，客戶成交多為人情及少部分的產品需求。成交量偏低，此階段應歸為過渡學習期，要有跨越成長的意圖，否則銷售生涯既辛苦又擺盪，無法穩定，尤其前三個月的陣亡率高。

2. 中階層次：
銷售動機：我要賣需求給客戶～為需求而銷
成交率：一般者成交率約 30% ～優秀者成交率約 40% ～ 50%
銷售導向：需求導向→以客戶訴求導產品為溝通主軸
銷售法則：經驗法則作為判斷依據 + 期望值　用以提高成交精準度
銷售優劣差比：在於「需求導引」的準確度以及「客戶期望值」的高低

此階段為銷售人立於存活層級，一般銷售人從事銷售，通常一年以上應該都可達此階段，透過前一年的經驗次數累積，達到可作為依循判斷的「經驗法則」並懂得察言觀色，了解及放大、刺激客戶現況需求，再導印產品改善現況的可能，懂得「拉高打低」放大客戶內心的期望需求，以提高購買慾或消費衝動，提升個人成交率。

3. 高階層次：
銷售動機：我要賣信任給客戶～為交心而銷
成交率：一般者成交率約 70% ～優秀者成交率約 80% ～ 90%
銷售導向：交付導向→客戶主動交付需求為交流主軸
銷售法則：以信任法則作為雙方默契依據 + 肯定值的朋友關係
銷售優劣差比：在於「客戶交心」的默契度，以及「客戶肯定值」的高低

沒有二、三年以上銷售功力加上可觀的銷售成交量，還必須有高標的客戶滿意度，否則是難以如願達成進入此階層，銷售人口可能約莫僅有 10 ～ 15% 的比例，每個都是菁英中的佼佼者，也應該是所有銷售者追求的最高目標。
以信任法則作為雙方默契依據 + 肯定值的朋友關係。

★祕笈 27★瘋狂是賣點，掉淚更是商機

感性——取得「快速成交」的入場券

從我這些年來從事銷售和培訓工作的經驗告訴我，真正會打動人的還是「感性」，而非「理性」。

要創造感性的銷售氛圍，首要是讓客戶感覺到現正存在的「痛」，或是現有的改變或突破，可能帶來美好未來的「期待」。因為唯有透過客戶對現狀的「痛」和對未來的「期待」，才能更進一步引起客戶對維持現狀的「不滿」，而當「不滿」的程度越強烈時，客戶的購買動機就會越強。

銷售魅力來自→情緒感染

想提升銷售魅力，你要神經更大條一點、更瘋狂一點，更要懂得吸引別人的目光，更要別人「因你而笑」、「因你而哭」，這就是情緒解放的自然引導，鬆懈陌生尷尬心防最佳的一帖處方，更是「好感」產生的源頭～

「瘋狂是賣點」

「因你而笑」～我們要適時表現幽默風趣，讓他和你的接觸，覺得輕鬆自在、開心、沒有包袱，自然就少了芥蒂隔閡，而願意嘗試了解你言你行～

「避免痛苦，尋求快樂」是人類生存的本能，如果因我們而能讓他覺得快樂，其實我們就等同收買他的心，甚至害怕失去你這位「朋友」。

「掉淚是商機」

「因你而哭」～「哭」是人最脆弱的時機點，如果有人在你面前不自主的「淚眼盈眶」（不是因為你傷害他而傷心難過）表示他在你面前，已經不需要任何隱瞞和遮掩，他可能需要一位願意傾聽內心話的對象，如果你能適時把握這樣的機會，「拉近彼此距離」自然瞬間發生。

感性是利用柔性訴求做為行銷開門，它最極致的效果是讓客戶在接受闡述中得到感動、酸楚，甚至於淚眼盈眶，更可大膽地讓他掉下淚來。

「掉淚就是商機」，我可以向你保證，這件 Case 已穩操勝算了，這不是打誑語，而是人與人之間，哪怕是再要好的朋友，中間有沒有一道牆或一面紗作隔閡，這牆和紗就是一種自我保護作用，沒有人喜歡被有效的窺視穿透，對自卑情緒重的人，更是害怕心中的隱諱、自卑赤裸裸的托出呈現。

所以只要這道牆存在，你和他之間就是有障礙物，有著一定的距離，如何能夠跨越障礙、

攻克對方的防心呢？

「建議你利用感性溝通讓他現場掉淚，這可是一種行銷高招。」

你一定有這樣的經驗吧？心情不好時，會想找知己朋友訴訴苦，一開始或許還能控制情緒，但慢慢的說到傷心處，眼淚可能就開始不聽使喚了，我們就會一股腦兒傾訴，不再壓抑。

之所以如此，是因為「哭是人最脆弱的時間點」，當脆弱的一面都被你看到了，在你面前，他還有什麼好遮掩的呢？交付與付託就容易應運成形。

而當下只要情境得宜，套入感性，激發情緒，導引到你擅長的產品願景。因為此時他會有絕對的需求想像空間，或許他未必馬上決定，但可確定的是當下傾聽的意願是會大幅提升，這就是感性所製造的最佳伏筆效果。

揚棄嚴肅，學習幽默、感性，是銷售者進階成功態度的捷徑，夥伴們！面對鏡子笑一個，笑到自己喜歡滿意為止，帶著它走出去，你會發覺世界因你而正在改變！

★祕笈 28★「差異」創造無限利基點

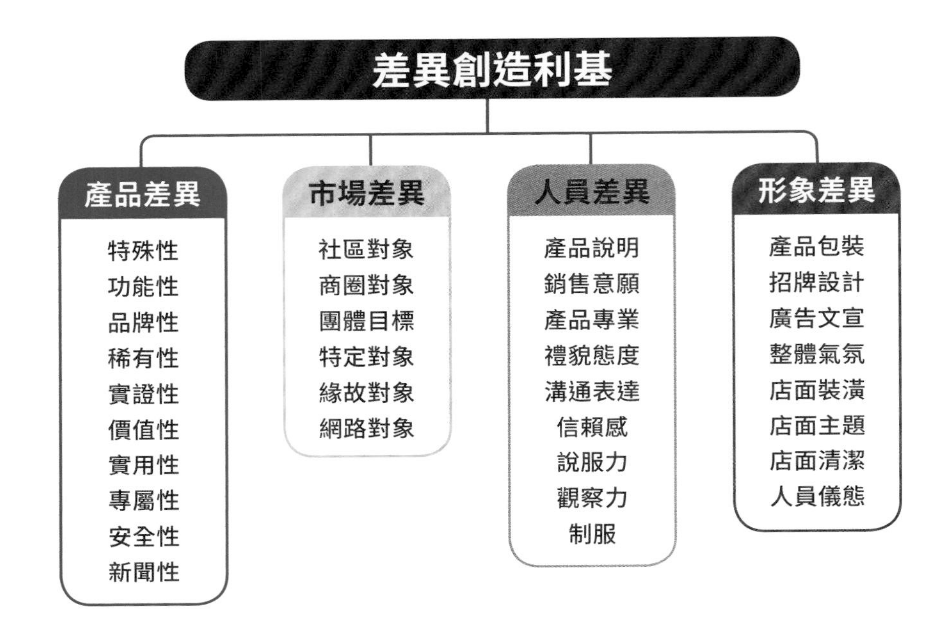

四大差異化（利基）

差異化的目的性：
同樣屬性的產品、同樣屬性的市場對象、同樣的人員服務性質、同樣的形象包裝宣傳等，能否走向另類差別認同，創造市場區隔，建立專屬且不易模仿的風格。如果不能達成這樣的目標，就容易在同樣屬性的產品、市場浪海吞沒，更難以出類拔萃、登躍出頭。

以下我們就把差異化做更細則的分類，找出可以「同中求異」，又有「異中求同」的訴求賣點，讓客戶感受的是創意、新鮮、好奇、驚喜、意外、期待、美好、尊榮、快樂、放鬆、舒適、安全、健康、滿足、享受……訴求越明白、越精準，差異化的效果就越強，客戶就越能明白自己的消費動作能得到的是什麼。

差異創造銷售利基，我把差異化的類別分成四大類：

1. 產品差異區隔化：

產品特殊差異：產品原料特殊、製造過程特殊……
產品功能差異：功能機轉差異、功能作用差異……
產品品牌差異：品牌認證差異、品牌知名差異……
產品稀有差異：成分稀有差異、產量稀有差異……
產品實證差異：效果實證差異、學術認證差異……
產品價值差異：權威價值差異、價值認同差異……
產品實用差異：多元實用差異、無限實用差異……
產品專屬差異：尊榮專屬差異、身分專屬差異……
產品安全差異：安全比對差異、安全數據差異……
產品新聞差異：新聞話題差異、媒體宣傳差異……

2. 市場差異區隔化：

社區對象：以居住區域為主攻開發對象。（劃地服務）
商圈對象：以專屬商圈範圍為開發對象。（專屬服務）
團體目標：以特定團體單位為開發對象。（駐點服務）
特定對象：以產品主需求者為開發對象。（需求服務）
緣故對象：以親朋好友為主要開發對象。（情感服務）
網路服務：以網路平台為主要開發對象。（平台服務）

3. 人員差異區隔化：

產品說明差異：內容鋪陳，工具輔助上的差異化。
銷售意願差異：銷售意願產生服務態度上的差異。
產品專業差異：專業優劣產生客戶信心上的差異。
禮貌態度差異：禮貌態度表現出質感服務的差異。
溝通表達差異：溝通表達應對展現訓練素質差異。
信賴感覺差異：強化信賴原則氛圍感受尊重差異。
說服力度差異：強化標準對應訓練提升成交差異。
觀察能力差異：強化觀察判讀能力提升應變差異。
制服儀態差異：強化美感形象文化印象素養差異。

4. 形象差異區隔化：

產品包裝差異化：吸睛能力、實用能力、環保再利用等訴求差異。
招牌設計差異化：吸睛能力、醒目條件、辨識能力、創意能力差異。
廣告文宣差異化：吸睛能力、醒目條件、活動條件、創意能力差異。
整體氛圍差異化：氛圍期盼的感受條件、氛圍訴求宗旨目的上差異。
店面裝潢差異化：產品風格、銷售理念、顧客族群……為發想上差異。
店面主題差異化：為產品、店面寫故事、為創辦人寫故事……的差異。
店面清潔差異化：高要求清潔度，提高明亮、寬敞、舒適辨識度的差異。
人員儀態差異化：強化人員訓練素質，美感形象文化印象素養上差異。

以上「差異創造利基」是我為讀者做的一個表列分類整理的組合。
既然是要強化差異性，相對的就是要走出自己的道路、自己的風格，那就必需要有自己發想的靈感創意。
透過上述的整理，只希望能給你更多的發想源頭。讓你的創意，**走出自己**的差異利基賣點。

★ 祕笈 29 ★ 執行力就是競爭力

沒有人計畫失敗，

卻失敗在沒有計畫！

成功 ＝ 目標 ＋ 施力點 ＋ POWER

< 方向 >	< 技巧 >	< 企圖心 >
⬇	⬇	⬇
< 機會 >	< 方法 >	< 時間 >

執行力的三要素

執行力就是目標管理的動態作業，「它」必需要有三個要素綿密組合，「執行力」才能真正成為「動詞」意義。如果將這三個要素打散，「執行力」不過就是「空中樓閣，海市蜃樓」或是「亂槍打鳥，無頭蒼蠅」，勢必徒勞無功。

其三要素如下：

1. 明確目標：明確目標就是設定好你預設可達成的成功座標，有目標才會有方向，有方向才能設想目標背後的使命感，有使命感就有前進動能的力量。

2. 計劃方法：有了目標方向，就要作目標管理，目標管理就是實踐目標的作為方法，有效分階計劃、行動步驟安排，執行策略，及輔助工具借力資源管理等。

3. 時間設定：「沒有期限的目標管理，叫做『沒有目標』」。時間設定才能有效安排行動步驟的執行效率，才能在有限的時間內適時調整、修正目標障礙，並且給予時效的正面壓力，推動個人向自己的目標邁進動能。

你缺乏執行力嗎？

缺乏執行力有三種形態的人：

➢ **有口無足的人：**

這就是最標準的銷售思想家，「思想的巨人，行動的侏儒」就是他們的最佳註解，想得多、做得少。其實這一類型的人，有口號沒行動，有想法沒作法，彷彿自認為是戰場上詭譎獻策的軍師，其實卻是大多掩飾野人獻曝的戲碼，簡單的說就是沒經驗，還要擺出一副老手樣，而這樣形態的人，就是標準的「好面（子）族」，而這樣的夥伴，主管可以多多讚許他思想上的智慧。

➢ **匆忙無方的人：**

有些人讓人看了還真有些不忍，明明很努力，但終究徒勞無功者居多，想到什麼做什麼，一心多用，常是虎頭蛇尾、手忙腳亂，累死自己卻一件事情都沒做好，最後歸咎於老天無眼、運勢多舛。歸咎原因無他，一是工作無計畫、輕重無排序；二是不懂拒絕，時間常被瑣事分段切割。

➢ **惰性堅強的人：**

生平無大志，生活無動力，一天捕魚，三天曬網，「明天」永遠是他最佳藉口，工作只為不得已糊口，標準「活死人」，找他做行銷工作，勸君三思，免於牽累深陷泥沼。

除了惰性堅強的人之外，其他兩種造成缺乏執行力的原因，不妨以下列建議調整：

執行力七項糾正法

→ 給自已忙碌的一天：
刻意找一天將你的工作行程，刻意將拜訪的市場集中在步行或機車可及的區域。行程從早到晚排得滿滿滿，讓你忙得沒時間吃飯，讓你害怕耽誤下個行程而緊張。緊湊忙碌卻扎實的一天，會讓你沒時間理會疲憊、會在你回到家後癱瘓在沙發上，得到一天完成三天工作量，超前的成就快味。這種感覺只要領悟一次，你會喜歡這種感覺，進而要求自己，一個月來個一次或一星期來個一次，行動力就會直接有所提升　。

→ 訂定日、週、月計劃表：
行銷工作者大多都會有一本行事曆，但如何記載最會有效果呢？當日記載的執行時間與對象，週是檢視該周每日執行效果，並將未完成的部分均分到下周（不可以分配剩餘的週數，否則目標達成率會偏低），月則是計算月績及次月目標計畫與設定。

→ 請主管或家人監督：業務行銷是挑戰自己耐力與毅力的一份工作，克服懈怠感最好的方式就是請直屬主管監督你、激勵你，因為你的工作狀況屬他最清楚，第一時間的鼓勵與微調，讓我們可以少走些冤枉路。同時你也可以請你摯愛的家人給你一些監督。我認識一位頂尖保險工作者，他每年的年度競賽，都會將監督的任務交給幼小的女兒，他如果達成目標，就會獎勵女兒，所以他每天回到家，總會得到女兒的關心鼓勵，而他每次都終能得到不錯的成績。

→ 帶錄音機的習慣：你有帶錄音機、MP3 的習慣嗎？你是為了錄誰的音，錄課程講師的嗎？做為行銷者，我建議你錄下自己的聲音才是最重要的事，錄什麼呢？錄下你的靈感、錄下你的創意，當你開車時、坐公車時、無聊發呆時，只要有任何靈感或創意，趕緊按下錄音按鍵，否則靈感可能稍縱即逝，更別想等晚些再拿筆寫下，因為你我一定有太多遺漏靈感的遺憾。

→做筆記的習慣：筆記是一個記載學習成長的個人閱歷的過程。
有效的執行者會隨身攜帶一本輕便的筆記本，隨時把看到、聽到、想到、接到的問題記錄下來，然後依輕重緩急編排到工作日程裡面去，從而總是把工作做得井井有條、疏而不漏。

→強烈的求勝欲望：

欲望是一切行動的啟蒙，是成事的關鍵條件，也是支持生存的動力。沒有欲望，堅持和成功就無法定義，生活日常將變得乏善無味。

有益目標的欲望追求，欲望越強，情緒就越高，意志就越堅定。強烈的欲望可以使人的能力發揮到極致，為銷售事業的成功獻出一切。

→讓自律變成一種習慣：

「自律」也可以說是「自我要求」變成自己的工作態度習慣，談「自律」似乎是要對自己的現況有所要求、有所不滿而必須付出的一點勉強，沒有發自內心的改變期待，「勉強」終究敵不過心理的抗拒反撲，回到原點。

「『自律』是改變初期的一種勉強，終點是走向更完美的必然。」

自律是自己監督自己，最有效率的方法，不必將專注力放在自律的要求上，而是建立在原來我只要一點點的改變，就能達到我的願景目標。

★祕笈 30★取得認同與建立信任六要素

取得認同與建立信任六要素

以「感動」帶動「理性」
以「顧客導向」切入「產品導向」

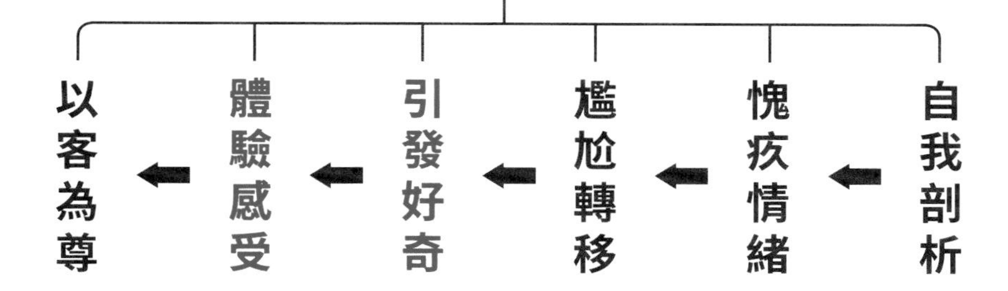

一、自我剖析（為何會拜訪您？）　語調：真誠

話術示範：

1. 光華，今天我來找您，其實我考慮掙扎許久，但如果不跟您談過，我反而覺得不夠朋友，這產品幫助了我，改善了我的……您一直是我最要好的朋友，我在意您的健康，我覺得我有義務讓您先知道這個產品訊息。（直接拜訪）

2. 淑媛，今天我邀約您到會場，其實我的壓力好大，我真的擔心您會不會認為我是在向您推銷，也許就是因為我使用的效果超乎我想像，覺得無論如何都應該讓您先知道，但這是先進的生物科技產品，我怕我講得不清不楚，所以請您來這裡聽專家解說為什麼我一定要找您來此的原因。（聚會溝通）

二、愧疚情緒（怕造成您的壓力！） 語調：愧疚

話術示範：

1. 光華，我知道我這樣做，或多或少一定會給您帶來一些壓力，其實我也有點尷尬不好意思，我還真怕您會認為我只是想要賺錢，那才是令我最擔心的！

2. 淑媛，不管如何良善的動機，帶您來到這個您完全陌生的會場，您的心裡一定有些不自在，因為我也曾經有過相同的感受，真的希望您不要有太大的壓力才是！否則我會真的不好意思了！

三、尷尬轉移（您會有壓力嗎？） 語調：愧疚→慶幸

話術示範：

1. 無論如何放輕鬆吧！光華，您會介意我這麼做嗎？（不會啦）那我就放心了！

2. 淑媛，您會怪我這麼做嗎？您會有壓力嗎？（不會啦）那我就放心了！

四、引發好奇（您看……）（您有沒有發覺？……） 語調：自信

話術示範：

1. 光華，您看這兩張照片，是同一個人，您看得出來嗎？簡直年輕 20 歲，是嗎？他是我的朋友，因為他的改變，所以，我才決定去了解他是怎麼做到的。

2. 淑媛，您有沒有發覺？這裡的人皮膚都很漂亮，您看，我的雀斑是不是也少了許多？我待會介紹一位非常照顧我的陳姐給您認識，我想您一定猜不出她的年齡。

五、體驗感受（我希望……）（我想……） 語調：期望

話術示範：

1. 半年來我認真的使用產品，我感受到身體抵抗力變強了，多年的氣喘，已經獲得改善了，您看，連我臉上的黑斑、青春痘都少了一大半，我希望光華您也可以試用一段時間看看！

2. 淑媛，我一直覺得您很聰明，等一下的產品示範說明，您應該一聽就懂，到時候，我想就我們倆為一組，做產品體驗好嗎？

六、以客為尊（決定權在您）　語調：真誠

話術示範：

1. 哦！對了，光華，我今天真的是出自內心的分享，因為我覺得我有義務這麼做，等我把產品向您介紹說明後，您可以自己做判斷，我希望不要因為我而不好意思，需不需要絕對是您的權利，否則我就沒勇氣找您了！

2. 我很高興今天您能參與，待會產品體驗後，無論您喜不喜歡我們的產品，都希望您今天玩得開心，至於產品需不需要絕對是您的權利，不要因為我的關係而不好意思，否則那我就真的對不起您呢！

以上是取得客戶認同與建立信任的六個環節要素，是直接以「感性」帶動「理性」，以「顧客導向」切入「產品導向」組合的連續話術示範，提供揣摩參考。

★祕笈 31★消化失敗，轉化心情

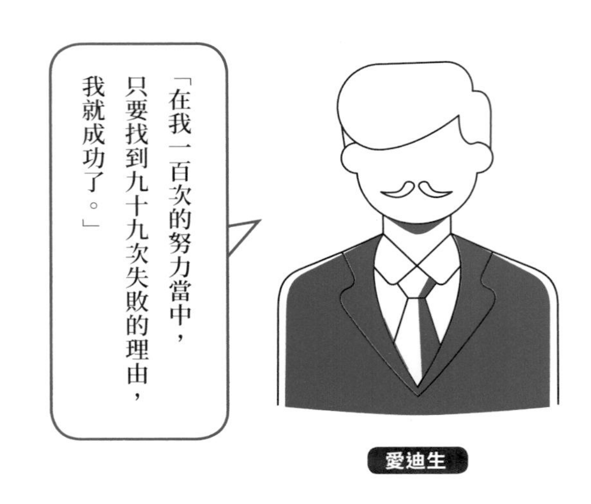

「失敗」不等於「挫敗」
「生命本來就是一連串成功與失敗的組合，如果沒有失敗的存在，成功就不具任何意義。」
「失敗並不可怕，關鍵在於失敗之後你要怎麼做？」

愛迪生曾說：「在我一百次的努力當中，只要找到九十九次失敗的理由，我就成功了。」

不要恐懼失敗，因為有時候過於得志也不見得是件好事，2006 年初有一部電影，由武打明星李連杰主演的動作片《霍元甲》，霍元甲年輕時，武功蓋世，擂台稱霸，少年得志、梟雄自恃，雖打破天下無敵手，卻也因此樹敵，使家人牽累無妄之災。如果他能在擂台失敗幾次，或許對他就更具意義了。
「寧可失敗，不要挫敗」，重點是你該如何找出失敗的理由，失敗就能轉換成進階成功的基石，就讓我們一起來用下面的方法面對失敗吧！

---

1. 問客戶：
失敗是客戶給我們的，所以從客戶身上找出失敗的理由，是最正確且有效的方式，詢問客戶拒絕的理由及建議我們改善的方法，這樣的處理方式是非常漂亮的，甚至於有可能現場翻盤。例如客戶拒絕我們，我們可以這麼說：

「劉小姐您是非常良質的客戶，我必須自我檢討，居然無法把您需要的產品分享給您雖然有些難過，但為了不要再犯同樣的錯誤，劉小姐請您告訴我失敗的理由，好嗎？」

別小看這樣的一席話，只要不是你態度出問題、只要產品是可被需要的、只要價錢是可被負擔的，現場翻盤，都時有發生。只聽我說是沒有效果的，做做看，你絕對會嚇一大跳，試試看吧！

2. 問主管（群）：
同樣的產品、同樣的事業，你現在銷售的經驗，不也正是主管（群）過去努力過的痕跡嗎？**主管（群）的成功經驗值是我們可以克服失敗的另一個值得探索的寶庫，也是一本實戰豐富的疑難 QA 解惑大全**，除此之外，他也是我們在外受挫，回來得以安撫的親切家人，替我們一起分擔解憂，亦公亦私，讓我們不致孤獨。

3. 忌諱逃避（陰影）：
碰到失敗，不要以為只要轉換心情，真的就可以 1、2、3、5 沒 (4)「事」 就過去了嗎？你更不要以為你擁有古代流傳下來最鋒利的一把劍，叫做看不劍「見」，你就真的以為視力當場降為 0.1，什麼都看不到、什麼都沒發生，告訴你，很難。

「轉換心情是了解失敗緣由後的心態調整，而非失敗當下的立即行為。」
為什麼我要這樣說，因為只有轉換心情，沒有做失敗問題處理，只能說是暫時逃避問題，哪一天又碰到相同問題，就會成為心錨，你永遠都會認為它是你無法解開的疑難。假設一件產品可能產生 100 個拒絕因素，如果你這個問題逃避、那個問題放棄，久而久之，你還能保持幾個問題有贏的空間。

4. 轉換心情（心境）：

找到失敗原因，並且找到可能的應對方式，其實是銷售者值得驕傲的事，因為你反而會期待下一次同樣的問題狀況的挑戰，而不至於閃躲逃避。

但是一件 case 的經營，總是投資了時間和精力，從可能的期望到落空的失望，難免內心是會有些失落的，但不至於心情跌入谷底，你不需要借酒澆愁、你也不需上山下海對空嘶吼、更不必懷憂喪志、淚眼婆娑，否則一個月碰到四、五件拒絕 case，而每一件 case 調整期四到五天，那豈不是每天都處在低潮期，何必做得如此委曲痛苦，是嗎？

轉換心情（心境）只是要你簡單轉個心念～不是訴苦
你可以想想你從事銷售的「成就動機」是什麼？
你可以想想你最喜歡（值得為他付出）的人？
你可以想想你人生經驗中最得意的一件事？
你可以想想你人生經驗中最糗的一件事？
看看你皮夾（手機）上的照片，想想你期許的承諾，笑一笑的告訴自己：「這點失敗算什麼？」

★祕笈 32★銷售新兵～贏在起跑點

唯有走過，才有足跡

我曾聽過一則淺顯卻頗發人省思的小故事：

在一個佛家道場餐會席上，許多人都適時的提出疑惑請師父開示，席間有一位信眾提出一個無法由旁人可代為解決的問題，請師父指引明路。

師父說：「咦？怪了，我剛才明明吃了這麼多東西，怎麼不一會功夫肚子又餓了呢？」

師父摸摸肚子，指著那位信眾說：「你幫我吃點東西吧！」

那人便笑著回答：「師父，您應該是在開玩笑吧？

您肚子餓怎麼能由我來吃東西，您得自己吃才行呀！」

師父接著說：「你吃不下了嗎？」

那人道：「不是。師父，我吃東西是在我肚子裡，您還是不會飽呀！」

那人瞬間頓悟，豁然開朗。

曾有許多剛加入銷售的新夥伴問我這樣的問題：
「我沒有人脈市場耶！」「我沒什麼緣故市場耶！」
雖然我覺得這些都是不構成問題的問題，
因為我們都知道這是許多新進夥伴通病，想得多、做得少，
負面思維常戰勝正面思考，無法有效執行計畫。
但他們依舊是值得我們稱許，
因為他們願意主動尋求現今窒礙難行的解決之道，
表示他們在乎這份銷售工作，期待突破，走出盲點，
絕對是主管眼中將才之寄望。
那為什麼這群可塑之才會被如此簡單的問題所困惑，
這該是有心的領導主管可以分析探討的思維。

換言之，一個新人要能在銷售工作定著，最重要的是：
「必須在最短時間架構健康態度，縮短莫名探索、惶恐不安的情緒。」
而設定短期目標，落實「學」與「做」的基本功，是塑造健康態度的有效方式，但要如何達成這樣的效果？

以下幾點是主管與新夥伴可以共同磨合默契的參考指標：

銷售新兵五大執行法則

1. 給新夥伴一個合理的嘗試期：
對每一位投入銷售工作的新夥伴而言，這都是一個新的事業（工作）嘗試，即使有再大的抱負或期許，在他心裡一定有個保守的嘗試時間設限，這是你我都會有的正常心理反應，而一般人的嘗試期大都會設定在「三個月」，這就如同一般行業「試用期」是一樣的道理。所以當我們幫助夥伴時，不妨把對方的嘗試設限，透過我們的嘴，轉化成短期「衝刺目標」，讓他有個期限上的安全感，可心無罣礙。
照心理反應而言，只要他真的想要這份銷售工作，成功定著發展，成為活力的「動」能，三個月的短目標衝刺，就有可能成為長期銷售工作發展的安定力量。

有一句話是鼓勵新夥伴時，可以勇敢說出的：
「光華，我覺得你非常適合這份銷售工作，甚至比我還適合，但我畢竟不是你，我不知道你會用什麼態度來面對這份工作，所以我希望，我們彼此給對方三個月的時間，一起努力，一起挑戰，三個月後你一定會心有所感喜歡這份工作；如果你真的沒有感覺，我絕對不予以勉強，因為你已經嘗試過銷售，你再也不會猶豫徘徊，日後我們還可以是最好的朋友。光華，我們一起加油，三個月後你再為這份工作下最後的決定吧！好嗎？」

2. 「學」、「做」落實：

新夥伴願意投入銷售工作，就表示願意挑戰銷售，但並不表示他有把握做好且相信自己有這樣的能力。
只要他有心經營這份工作，新夥伴學習意願是相當高昂的，我們可以從任何課程訓練裡，看到他們埋首筆記，全程錄音，求知若渴，卻不知是否能有效吸收的可愛模樣中看出端倪。「學」對他們而言是不構成問題，有課就上，有會必到，他們會是個好學生，但不盡然就會是個行動實踐家，「學」只需聽話吸收，「做」可不同，它必須面對實踐，此時個人主觀就容易介入，把學與做視為理論與現實鴻溝落差，所以如果我們把「做」的功夫簡化成「學」那麼簡單，不需要太多思維，不需要太多壓力，甚至簡單相信、輕鬆實踐，後續幾點闡述，都是落實在「做」的功夫之上。

3. 緣故「寬面」的經營策略：

緣故就是人脈，人脈就是錢脈，「銷售要成功，人際關係要用功」，只要你過去做人成功，這份工作你就注定「歡喜收割」，若真缺乏耕耘，「耕地插秧」亦不嫌晚，依常理而言，新夥伴的緣故市場是最乾淨新鮮的，只要用對方法，當下成績應該可以超越前輩。
緣故市場要做大、做寬，最主要的方法是不可主觀設限，把「能喊出名字，而對方也能喊出我們名字的人」都找出來，據統計 200 ～ 250 人是每人可列出名單的平均值，用三到六個月時間，分五波段邀約，且適時地做到尷尬情愫轉移，若以緣故成交值五分之一計算，40 ～ 50 客單成交量（因客單價會有所差異），成績亦是不可小覷。藉由大量創造成交經驗值是健全心態最有效的方式，銷售界裡有一句通俗名言：「業績治百病」，健全的心態來自於成交後的自我相信。

4.「背誦」衍生的力量：

銷售專家都是從背誦學起，一個新的銷售工作者要從一個簡單的產品話術（自己的使用心得）轉化成慣性的口語詮釋，而這樣做的用意有二種作用，一為避免親朋好友扯後腿，銷售對一般人印象是不容易成功做到的，雖然他們沒有接觸過，或有著沒有方法而跌倒的銷售工作經驗，不鼓勵、不希望，變成他們的忠告，我們當然相信這是疼惜，這是呵護。但試想，如果他知道我們才剛工作二個星期，卻可以如此真情流利表達，他或許會認為我們也許真的有這方面的天分，吐槽、扯後腿就保守許多，如果交情夠，捧場也變得理所當然。二為陌生人看你如此流利，自然減輕對我們專業的質疑。

5. 給自己忙碌的一天：

減輕初創期的茫然不安和空閒產生恐懼，忙碌是有效的解決之道。給自己忙碌的一天，排滿 12 小時滿檔行程，面邀六、七件 case，辛勤忙碌換取的是積極充實，你會感受到正面氣息及自信的氛圍。

以上五點，是新的銷售工作者從事初期，自己可遵循的技巧與主管培養默契磨合的方向，邊學邊做，做個有規劃的銷售尖兵。

★祕笈 33★贏在轉捩點

成功不一定贏在起跑點，但絕對贏在轉捩（淚）點（失敗、挫折點）

→轉捩點就是「改變」的機會～你也不得不改，只是你是選擇逆流向上，亦或是隨波逐流，所以成敗的命運，轉折時的選擇才是決定關鍵。成功勵志的故事幾乎都有苦盡甘來的身影，生命終需自己擘劃，命運更需自己掌握，端看你是要絕地逢生～還是一蹶不振！

→千金難買少年貧，萬金記取挫折淚～

苦過、餓過、痛過、哭過，就容易懂得看破，飢渴會刺激成長，埋怨只會趴地不起，人生總有起起落落，窮過苦過就不難過，苦嘆一聲笑與負面道別離，坐地重起（改變），離苦得樂成，轉折就不再重蹈覆轍，又擺脫一個失敗因素，也就是我們離成功又接近一步。

→中國智慧經典《易經》告訴我們：**「窮則變，變則通，通則久」，**如果我們已到了「窮」（山窮水盡）的地步，為了「久」（長治久遠），我們就必須勇於放下當下，積極求「變」（轉折點）。

→心理學教育博士洪蘭教授也說：**「人生是馬拉松，爭的是終點，不是起點，要跑到終點才是贏家。」**神經科學家在大腦中已找到了終身學習的神經機制～「成功的人不是贏在起點，而是贏在轉折點。」

→人生本是福禍相依，苦喜參半，每一次坎坷，是波段低點是挫折，不也是起底反轉的起點動力。物隨心轉，境由心生，禍底福將至，福盡禍根生，世上沒有永遠絕望的處境，只有對處境絕望的人。只有參透苦禍，喜福才能久遠。

→人生的起跑點只有一次，可是人生的轉捩點卻可能是無數次。起跑點的成功只有一次機會，轉折點卻可能不止一次，通常就是抉擇點也是痛苦點，轉折點的成功更是否極泰來、彌足珍貴。

→馬雲說：**「怕失敗的人不要創業！挫折、錯誤才最珍貴。」**
多花點時間思考別人為什麼失敗，不要去思考別人為什麼成功，怕失敗就不要創業，挫折與失敗才能讓你往上，想要創業，就把這些當作養分吧！
→馬雲說：**「認真面對每一次改變的可能→檢視過去的缺失重新洗牌。」**
→馬雲說：**「瓶頸～修正～調整～改變→改變就是創新。」**
這是馬雲講的你要不要信，他可是改變世界的人
他是有魅力的人，可惜就是五官欠團結
他是證明魅力不一定靠長相的人
他是我們凡夫俗子的偶像，是我們心目中的神啊！
給馬雲一個崇拜的掌聲吧！

每每剛好的折難，累積能量小確幸——
小失敗挫折就是未來成功的養分，能汲取養分就是累積成功能量的幸福。失敗不可怕，怕的是被失敗打倒，誤把失敗當終點，錯失成功養分萃取灌溉的機會，非常可惜！

想要成功，我們要有明確認知，從失敗思考開始～失敗是成功累積的基石，是通往成功的起點，而不是終點，檢討失敗理由、盤點失敗價值，重新調整出發，就有煥然一新的面貌。別被小小挫敗劃地設限，放下才能找到最好的自己。
人生本就難有完美，看透了才能見到另一種完美。
失敗能否轉化能量，態度才會決定你是否是人之龍鳳！

第四章

溝通表達篇

★祕笈 34★幽默風趣

「幽默」來自你身上散發的莞爾智慧

有人說：「你可以沒有高學歷，但千萬別少了幽默，
否則人生可能真的變無趣！」
也有人說：「給自己浸溺在詼諧、開懷、樂觀、
無憂的氛圍境域，幽默風趣就會附身。」

幽默風趣其實是一種不經意的輕鬆自在，讓說話充滿無限樂趣與想像
幽默是一種創意　是一種做人處事的生活智慧
幽默～「用氣氛感染情緒，用歡笑使人放鬆，用故事（劇情）使人投入觀點。」 幽默是高 EQ 的代名詞，是一種情緒的高尚修練！

「打開客戶的笑穴，永遠在客戶打開口袋前發生。」

幽默風趣在行銷互動中最重要的目的，就是讓客戶在你的風趣談吐中自然流露出笑意。哪怕是莞爾微笑也好，哪怕是開懷大笑也好，你已經成功開啟行銷之門。別小看這個動作，一般人面對行銷人能自然產生笑意，表示防心已經大幅向下修正，傾聽此刻才有效發生。

所以，當客戶沒有展現笑意之前，千萬別一股腦兒把行銷思維、行銷技巧、行銷動作、行銷話術都丟了出來。
否則你的**專業反而變成你的阻力**，對你的專業反而是不公平的殘酷對待，這又能怪誰呢？誰叫你把跟客戶的溝通當成業務員的專業訓練呢？
所以時機點的有效掌握，才能獲得你對對方反映的期望。

幽默如何學習，不妨多看一些關於小品、短文、笑話、時事、廣告、溝通表達等書刊。**不只是要看，重要是節錄摘要化為口語背誦，配合肢體表達練習一段時日，絕對有長足進步**。不過切記一點，幽默要適時合宜，可自我解嘲，莫以他人為玩笑，還自認風趣。寧可「使人笑」，莫成「使人跳」。

「幽默」就是輕鬆說說話
例如：
@ 我有一堂只接受美容師報名的課程，有一天公司助理打電話問我：「有一個美容師要參加，要不要讓她報名，可是她說是屍體的屍。」我喜歡有幽默風趣的人，我也知道是跟我十多年的學生要來看我了，她是一位事業成功的禮儀公司負責人。

@ 各位同學，我上課比較重視氣氛，講師最怕的就是學員上課時想睡覺，我又無法讓他睡得安穩，我會很內疚，所以上我的課你真的會想睡時，只要睡姿不要太撩人，我們就保持默契彼此互不干擾，OK ？我會比較搞笑，上課也比較好玩，各位同學你要知道，我真的是用心良苦啊！可是你不要把我講的笑點記得一清二楚，我講的重點卻忘得一乾二淨啊！我有一個學生幫我介紹學生，我不小心聽到他們的對話是這樣講的：「我跟你說哦，孫老師很搞笑很好玩，上課你會捨不得睡覺哦。」（你聽他這樣介紹，你還會想上我課嗎？）

@ 有一天我在客廳看電視，突然門鈴響了，我老婆去開門，原來是對門鄰居張太太提了一袋自摘的水果送我們，她們倆就站在門口聊著聊著就過了半個鐘頭，我說著：「請張太太進來坐呀！」老婆回我：「張太太說，她有事沒空喔！」接著她們又聊了半個鐘頭→相信我，女人是天生的說話高手。

@ 有一父親在大賣場推著購物車，他的小孩坐在車上一直無理吵鬧，爸爸嘴裡只是一直嚷：阿傑不要生氣！阿傑不要生氣！並沒有生氣斥罵小孩。有一位媽媽就跟父子說：「爸爸好修養，阿傑要乖乖，你看爸爸脾氣這麼好～」爸爸無奈的回說：「阿傑是我啊！」

@ 賣書業務：「太太妳一定要買『男人偷腥防逮 500 招』。」
太太說道：「給我一個購買的理由？」
昨天我敲門是你先生在家，我已經賣他一本了。

@ 你知道　幽／悠　的最大差別是什麼嗎？→那就是如果把「悠遊卡」改成「幽遊卡」→那麼「地鐵捷運」就成了「地府列車」了，你還敢坐嗎？

@ 二位高手阿伯下棋，我在旁觀棋不語 20 分鐘，雙方期間沒下任一棋子，直到其中一位阿伯問道：「換誰？」另一伯回：「我也不知道？」此時二老同時望著我，我急回：「我也不知道？」這狀況告訴我們，老人家下棋是在殺時間，沒事別瞎攪和。

@ 夜裡老公突然睡夢中驚醒，還冒整身冷汗，老婆問怎麼了？老公說：「嚇死了！夢見自己又結婚！」老婆說：「那不是挺好的啊！你不是早就夢想有個小三啊！，該高興才是？」
老公說：「可是……入洞房時燈一打開，原來還是妳！」
老婆：「給我滾！」

@「實歲」和「虛歲」的區別
「實歲，是你從媽媽身體出來的那天開始算的；虛歲，是你從爸爸身體出來的那天開始算的。」

@ 甲女：我先生很精於投資。
乙女：我先生也是。
甲女：他第一次買股票就賺大錢。而且是用十萬元贏到三百萬元，現在我非常「崇拜」他。
乙女：我丈夫更厲害！他才交一次保險的錢，馬上就換回了三千萬元，現在我每天都「拜」他。

@ 女子問禪師：「現在社會那麼亂，我這一個弱質女子應當如何保護自己……。」
禪師二話不說，倒了一杯水，立即潑到了少女的臉上……
少女一愣，說道：「難道你是要我保持冷靜，以此對待世界的一切嗎？」
禪師搖搖頭道：「你素顏就可以了。」

@ 早餐點了一杯熱豆漿
老板端過來說：「燙喔！慢慢喝！會積陰德喔！」
我問老板為什麼會積陰德？老板回：「我國以這麼爛呦！我說的是『非～基～因～』的啦！」

@ 神農氏是怎麼死的？（啊！這個有毒）中毒死的

@ 那李白是怎麼死的？→失血（詩寫）過多而死

@ 愚公死前的的最後一句話？→移山～移山～亮晶晶

@ 先有男生還是先有女生？答案是男生（因為稱男性為先生）

@ 我朋友說有一個人真無聊，一條魚都釣不到，還從早上 9 點釣到下午 4 點，我問他怎知道，他說：「我從頭看到尾呀！」

@ 不要說自己不行，如果覺得自己不行，最快的方式～趕緊到馬路上走兩步～你不就變成～行人～了嗎？

@ 如果做壞事一定要在中午做，你知道為什麼嗎？
因爲早晚都有報應啊！

@ 兒子問父親：「爸爸！我是不是一個傻傻笨笨的孩子啊？」
爸爸回：「傻孩子啊！你怎麼會又『傻』又……哇咧！」

……

》故事聽（看）多了，自然就幽默多了
》好奇心（觀察力）高了，自然就幽默多了
》故事說多了，例子說久了，不幽默也難

為自己準備二～三個幽默風趣的開場白，而且要熟練～**幽默開場白，對你不認識的人而言，永遠是新鮮的第一次。**

→您好我叫小月半，野生美食家，這輩子注定圓圓滿滿，很高興認識您（小月半＝小胖）

→我是郝大立，需要幫忙，讓我為您出力

→大家好，我叫蔡國泰，我的外號是泰國菜

笑看人生，你笑～世界跟你笑，頂多被人說『起肖』（瘋子）

★祕笈 35★寧可三八，不要木訥

別說你內向保守，除非你不願改變

你覺得自己內向嗎？保守嗎？木訥嗎？如果是，那你可能會有點吃虧，想想改變自己吧！沒有人喜歡跟根木頭杵在一起的，寧可三八不要木訥，風趣讓我們容易與對方親近。

曾經有一位擁有碩士學位的金融理財員上完作者的課，很納悶的請教我有關於他所面臨的銷售困境。他覺得他非常的專業，一定有辦法為客戶打造最好的產品，可是為什麼願意接受他的客戶比例總是偏低。我端視他一會，一看就是標準學究派，講起專業更是專家術語滿天飛，彷彿當下我已成為他的學生，從現場的感受我已經找到他的問題所在。

我只問了他一個問題：

「有二位行銷人在你面前供你選擇，一是剛性木訥，表情嚴謹，你不說話，他也跟著不太說話。二是幽默風趣卻不落俗套，跟他聊起話來，還挺開心愉快，你會選擇誰？」

他思考了一下，選擇了後者。我問他為什麼？他就很直率的回答：「沒有人會花錢還跟一根木頭杵在一起，沒有話題、不懂閒聊，那會是多麼的尷尬不自在。」

他回答得很好，我直接告訴他：

「恭喜你！你已經找到角度看問題了，過與不及都不會是客戶想要的。」

許多學有專精的行銷人，仗恃自己的專業，就認為客戶沒有理由不選擇他，一開口就是專業催眠，也不管對方反應為何，劈哩叭啦就是一個章節，誰願意承受。

客戶不見得永遠都是對的，
但花錢的絕對是大爺，花錢的目的為何？
不就是避免痛苦、尋求快樂的動機而已嗎？
誰願意花錢請你傳教說理呢？
「專業是用來服務的，而不是用來教育客戶。」
我們的**專業是客戶依賴的靠山，而不是用來教育客戶；**
「客戶消費是要買結果，而不是要買繁瑣的過程。」

「對產品懂得鉅細靡遺是專家；但把產品講到鉅細靡遺則是無聊的人。」
別把客戶當成「業務員」來教育，而冀望對方肯定你專業上的能力，適得其反，是你自找的宿命結果。

誰說內向不能幽默
相對的，一個懂得幽默風趣的行銷人，他能引領話題、創造情境，不枯燥乏味並使客戶開心愉悅，也許你會說，本身內向型的客戶應會選擇前者吧！那我更可以肯定的告訴你，剛好相反，你必須了解，通常內向型的人，大多不喜歡自己的個性甚至於達到排斥的反彈，他想改變卻不一定有改變的能力。而今花錢消費的他怎能忍受如同鏡子般的你與他對望而坐？

而這位金融專員自認為沒有幽默的特質，要我給他一點改善的創意，於是我寫了：
「外表憨厚我無從選擇，滿腦專業卻是您可選擇。」
這句話送他，請他回去寫一豎牌放在他服務的櫃台前，只要有人看了牌子再看他，就請他微笑撥弄那學究型的眼鏡即可。聽說成績還真進步不少。

正如**銷售天才班・費德文曾說：**
「一個成功銷售是以溝通為開端；而一個好的溝通成就於你如何吸引對方的注意力。」

「想要銷售產品、訓練、管理、或啟發員工？首先，你必須做到有趣。」
——《大趨勢》（Megatrends）作者，約翰・奈思比

★祕笈 36★行銷高手都是背誦訓練出來的

「背誦」出「專家」

背誦產品及銷售流程話術（專家）:「行銷高手都是背誦訓練出來的。」

我們綜觀任何一位行銷高手，哪個不是談到自己的產品時，臉上總是展現興奮及口語表達最流利的時刻。

你也可以輕易發現～

他們在與任何客戶溝通產品時，總有一大部分話術內容是相同的，

甚至是一字不漏的，那就是他們在口語表達裡，展現出的專業自信。

就算是新夥伴，我們都可以要求自己背誦一段產品話術，讓自己當個產品專家，你都有可能避免一些挫折。

試想我們剛加入銷售工作，此時誰容易扯我們後腿，當然是我們最在意的親朋好友，雖然明知他們出於善意，怕我們受傷、怕我們受挫、怕我們一蹶不振，但總讓我們傷得最深、打擊最重。

如果我們能在短時間就說出一口專業，他們或許認為你真有這方面的天分，扯後腿自然就保守許多。

就算是陌生人聽得我們一口專業，也不會質疑我們是生澀菜鳥，對我們的自信，可以有正面的提升。

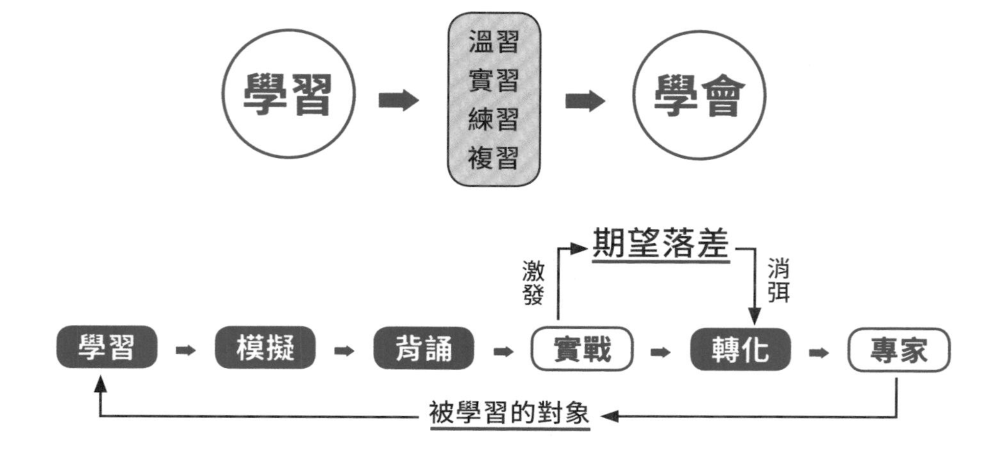

學習不等於學會

願意背誦話術的人，相對表示重視學習，假使你夠努力在學習銷售，你可能會上許多課程，你可能會買許多專業行銷書籍，充實自己。而且你也把講師教的、書上寫的，你也感到興奮、認為有效的方法或話術，用在實際銷售的個案上，但我知道讓你失望的結果卻接踵而至，事與願違。

你或許不氣餒，你或許認為老師講的書上寫的並沒有錯，而是可能不見得適合你。我常在課堂上碰到這樣肯努力學習卻無法有效吸收的學員，他們花大部分的時間在找尋成功的方法，而且很努力想把方法印證在實際的操作上。

遺憾的是，他們大多是照本宣科、照單全收，而且在幾次連續失敗經驗後選擇放棄，又緊接著在茫茫學海找尋下一個可能成功的方法，殊不知有許多已經可以成功的方法正與他失之交臂，相當可惜！

學習不等於學會，學習是過程、學會變本能。講師能站在舞台，作者能成就一本著作，一定有相當的歷練成就，但你終究不是他，你學得越像，終究還是你，你學得越是唯妙唯肖，反而更失去真實的自己。這就好比許多歌星是模仿別人而成名：

譬如早期的林淑蓉是模仿鳳飛飛而進入演藝圈，
但她曾經說過：「我一直想努力做我自己，無奈別人都把我當成鳳飛飛的影子。」

模仿是躍上舞台的捷徑，但絕對不是登峰造極的目標。模仿是有效的「學習」過程，但絕對不是「學會」的終點站。

學習到學會的過程

不要放棄你所學習的每一堂課、每一本書，如果你都能截取適合你的精髓，你將汲取各派之大成，甚至於另立門派，如何有效掌握學習變成學會的本事呢？（如圖所示）

用心學習者，只要他覺得講師教的、書上學的是有效的，他一定會將所學的內容，不斷的示範模擬，更努力者，更把話術背得滾瓜爛熟。
可是你認為背誦下來的會是誰的東西？你可別跟我說是自己的東西！其實它依舊是講師、該書作者的專屬智慧，只不過是透過你的嘴說了一遍而已，而成績呢？我想你自己在實戰的經驗裡效果好不好，已經心知肚明了。

消弭「期望落差」是學會的關鍵

不要就此對學習失望，因而放棄學習，重點就在實戰效果的階段，這裡的效果產生的失望，和當時如獲至寶的興奮，有著明顯的落差，有人就此而放棄，可惜的是他焉然不知，他居然正處於入寶山卻欲空手而回的階段，這個階段我們通稱為「期望落差」階段。

「期望落差」階段是學習到學會的過程中，最重要的成就關鍵。它是透過實戰激發「期望落差」，在期望落差中找出你和他（講師、作者）的差異（譬如：語言、習慣、風俗、用字遣詞、口頭語、肢體動作等等）。

掌握骨架精髓，而內容可以依你逐次微調修正，直到你消弭心理障礙，成功轉化成有效成功率，你就成為箇中專家，
甚至於創造出衍生的另類翹楚，而成為別人爭相邀約的成功分享家。

★祕笈 37★成為「一對多」的舞台人物

學習上台（表達）

表達訓練的模式

學習上台 ➡ 小抄 ➡ 列條例 ➡ 轉換投影 ➡ 隨心所欲

上台要拉風，千萬別中風

「我總是多方找尋上台的機會，只要站起來，就是機會；只要說出口，就是訓練！ 有人把比賽當練習，但，我要把練習當比賽！沒得名、沒掌聲並不羞恥；敢上台，就是勝利！」～戴晨志

你有聽過「台風」嗎？它就是一種舞台風格、個人魅力。

說也奇怪，「有人上台很拉風，偏偏有人上台就中風」，你從事銷售服務業，注定靠表達吃飯，而學習表達最好的訓練方式就是走上講台，或多人會議表達意見想法，就是給自己多表達及面對眾人的機會和訓練。

上台訓練的四大階段

上台訓練是可以按照階段操作，循序漸進就會有成效，它的操作流程可分為四階段：

◆ 小抄階段：克服恐懼階段

剛開始上台，許多人背誦、準備得再多，一到台上，似乎忘性總比記性堅強，為什麼會如此？其實與你的表達力是無直接關係，也不是你智慧差人一等，別灰心，假使你在家罵孩子還挺流利的，表示你的口語是沒有問題的，原因只是你過往少有成為焦點人物的經驗，上台剎那間，「腦袋一片空白、兩手不知往哪擺」是許多人初次上台的感受，其實這是我們無法適應這麼多的眼睛，把我們當作注視焦點所產生的恐懼。

小抄的目的，重點不是訓練你說話的能力，而是要你能習慣成為焦點人物，從剛開始的不敢抬頭，直視隨手顫抖的小抄，到最後自然的去俯視每一雙眼睛，你就克服造成表達障礙的心裡恐懼，而每一次上台你都會感受到自己的進步，假若團隊體系都有這

樣的默契，新夥伴把小抄當成自然的進步模式，拿小抄也不是丟臉跌股之糗事時，每周只要兩次5分鐘的上台，克服恐懼的效果因人而異，是可以透過三到六個月時間達成。

◆ 列條例階段：邏輯排列階段

小抄其實也是條例，只是它是寫在手上或小紙條上，當我們克服恐懼後，就可以大方的將手中或小紙條上的條例，更有條理的寫在白板上，這樣看起來是不是有了那麼一點架勢、而說起話來就更能言之有物了呢？

這階段你會有二個注視點，一是白板、一是台下的夥伴，白板在你的後方或左右側，而夥伴在你正前方，如此你就會自然走動，肢體動作經過多次經驗後，就容易自然將肢體動作放鬆而放大，這是訓練表達的第二個階段，主要訓練你說話的邏輯排列，以及肢體的協調度，讓我們說話能有更明確的組織架構，及自然的身體語言。

◆ 轉換投影階段：層次提升階段

列條例是寫在白板上，當我們有能力架構說話的條件時，這時更可以專業的將條例轉換到科技投影之上，提升表達層次，彷彿入列講師層級，讓自己更具表達魅力，透過表達，學習互動、與會者反應觀察、學習溝通應對、舞台自信及個人魅力。

也許你常看到許多講師能言善道，投影片做得光鮮漂亮，但你也許不知，課程前他所做的邏輯排列，以及與學員可能產生的互動效果，都必須要不斷的重覆演練測試，而他最依賴的輔助工具就是投影片，我們也可以這麼說，投影片就是講師的小抄，所以，你可以觀察，有許多講師講課，如果投影片出了問題，講課的品質就馬上起了變化。（可別故意讓講師出糗，例如：投影機燈泡燒壞了。）

◆ 隨心所欲階段：表達成熟階段

我們可以觀察，一位暢所欲言的講師，往往都會抓住所有人的目光，他們可以把條例架構瞬間在腦海思維完成，他們更懂得肢體動作的運用，掌控並炒作現場氣氛，讓他成為眾人屏息凝視的焦點。

而他之所以可以如此大將之風、侃侃而談，沒有歷練是難以成型的，**「成功來自於經驗次數的累積」**，在他如此熟悉的環境，同樣的會場、同樣的對象、同樣的主題或同樣的產品，而聆聽者不也是他曾經扮演的角色，**「知己知彼」**、**「我演我所以我像我」**，每一個主題，只不過是腦海（記憶體）的一個片段（檔案），每一個片段都是生命曾經的演出，一次次、一遍遍，功力豈有不精進的道理。

★祕笈 38★創造「記憶點」的自我介紹

「名字」不是重點，是「我這個人」
我們過去都曾經做過自我介紹吧！不管是學校、朋友圈、工作圈，我們可能都是這樣說著：「我叫什麼名啊？住哪？讀哪？在哪工作？血型？星座？興趣等等。」

一說完下台就認為交差了事，而台下的人也應該認識我了，殊不知，下一位上台時，台下的人差不多也該把你給忘了。因為這樣的自我介紹特別常見，大家的台詞都一樣，如果沒有特殊性，也特別容易讓人遺忘。

銷售者面對陌生對象，除了儀表、談吐給人的「第一印象」非常重要外，更重要的是如何適度的曝光自己，**讓對方對我們產生一定印象和認知，也許就是短暫的 10 秒、30 秒自我介紹，讓雙方有著「一見如故」的感覺。**

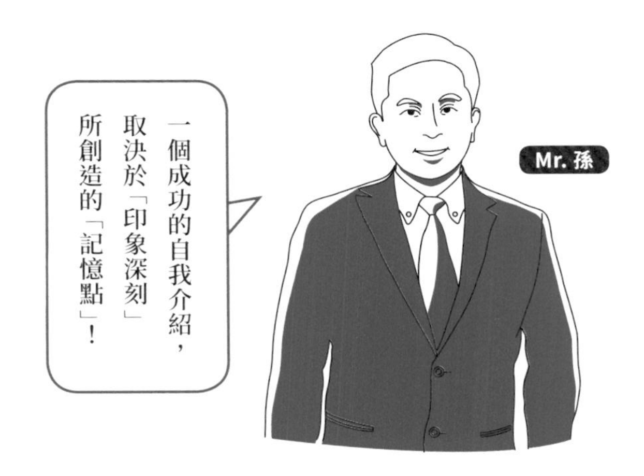

「印象深刻」創造「記憶點」
一個成功的自我介紹，不是照本宣科的應付交差淌渾時間，是要**能夠讓聽者對我們的某個特點有印象，也就是「記憶點」，並且能快速連結到我們的名字、長相、經驗、專長等，**所以在有限時間內能以幽默詼諧的互動，讓聽者感到驚喜！好玩！有趣！

引起對方想聽、願意聽、期待聽的意願，對方會從我們的說話內容去搜尋我們預設的「記憶點」。

自我介紹的目的是「留下好印象」

@ 這個人說話好有「梗」、「有趣」
@ 這個人介紹自己好特別（原來他是……）
@ 他的名字原來是這樣解釋的啊！
@ 原來他有這樣的能力，原來過去……
@ 我知道他在開玩笑，但我喜歡他的故事……
@ 原來他是住在哪裡（腦中印象搜尋……）

如果「記憶點」越多，連結（聯想）點越多，對我們的印象就相對越深越加分。
而這就是「自我介紹」優劣勝敗最重要的分水嶺。

我大致把「自我介紹」以「時間機會」分為：
1. 一對一寒喧式的自我介紹（約 10 秒）
2. 一對一或一對小眾寒喧式自我介紹（約 30 秒）
3. 上台簡報或演講的自我介紹：一對大眾（約 3 ～ 10 分鐘）
等三種自我介紹模式，以下是自我介紹的範例示範：

一對一寒喧式 10 秒的自我介紹示範：

@ 您好，我是**「三峽北大阿堯」**孫永堯，**「從事罰站說話的工作。」**（遞出名片）很高興認識您～

@ 您好！大家都叫我「小月半」李泰安，（遞出名片）很高興認識您！

@ 我是郝大立，需要幫忙，讓我為您出力（握手真的好大力）（遞出名片），很高興認識您～

@ 大家好，我叫蔡國泰，我的外號您可以試著倒過來念，（泰國菜）（遞出名片）很高興認識您～

一對一或一對小眾寒喧式（30 秒的自我介紹示範）

@ 您（大家）好！我叫「小月半」李泰安，野生美食家，這輩子注定圓圓滿滿，很高興認識您（大家）～（遞出名片）

@您（大家）好，我是考不上北大，所以現住在三峽北大的阿堯，孫永堯，**從小**上課愛說話，時常被罰站，所以註定這輩子只能當講師，很高興今天能夠認識您（您們）～（遞出名片）

上台簡報或演講的自我介紹（一對大眾）
@ 以 3 ～ 10 分鐘開場時間做自我介紹最佳
@ 開場自介若得到注視，必能提高演講自信與吸睛率
@ 自介內容詼諧調侃有趣＋互動，可掌控「笑點」為勝
@ 以條列式準備「自介稿」，依時間需求抓條列伸縮自如
@ 為自己準備一套自介稿，熟透它，你可能認為講了一百次了！但對台下每一場的新聽眾永遠是第一次

@ 以下我以個人講師上台條列做示範：

1. 在座有好多新朋友新同學喔！大家好，我是孫永堯
2. 因為考不上北大，所以現住三峽北大
3. 唸書時愛說話時常被罰站，所以只能站著當講師
4. 過去搞過這些（投影片），真～的不「勉強」大家強記
5. 大學唱過民歌，藝名叫堯堯，現在可以叫我堯堯老師
6. 如果不礙眼，大家交朋友，感恩啊！
7. 先溝通一下！我們上課彼此都是需要熱情的，我這都是為大家好，不是故意要掌聲喔！懂嗎？（拍掌聲）
8. 我的老師說過，上課要有回應，否則以後會有報應，我只是突然想到老師的教誨，不是要印證在你們身上的啦！
9. 還有～既然來了！就盡可能配合講師
   不要以為妳不笑或採取不配合動作就想打擊到我，「那是不可能的事」，我只是替你緊張，因為根據醫學報導，愁眉苦臉不笑的人，免疫力容易下降～發炎體質～癌症～所以傷害不到我，我怕下次看不到你啦！為了健康，3 個小時忍一忍就過去了，Ok 吧！
10. 我上課比較重視氣氛，也重視各位上課的權利，如果我上課讓你不小心今天提早就寢，千萬不要不好意思，好好睡，至少表示我對你是有助眠效果的，錄下我的聲音吧？讓我夜夜陪你入眠吧！

11. 我上課比較喜歡搞笑？各位同學你要知道我的用心良苦啊！不要最後把我講的笑點記得一清二楚，我講的重點卻忘得一乾二淨！那我就真的變成搞笑課了啦！
12. 曾經～有一個學生幫我介紹學生，我不小心聽到他們的對話是這樣講的：「我跟你說哦！孫老師很搞笑很好玩，上課你會捨不得睡覺哦。」（你聽他這樣介紹你還會想上我課嗎？）（會）看樣子大家病得不輕呀！
13. 我話真的很多喔！～所以我現在當什麼？（當講師）～當講師嘛～

就用我的段落講稿試唸看看！模擬一下！練習一下！
再為你最熟悉的自己寫出 10 秒、30 秒、3 ～ 10 分鐘有創意「記憶點」的個人講稿，每次每次累積，經驗必帶來燦爛！

★祕笈 39★體悟「銷售＝分享」的真諦

行銷 ➡ 行 ➡ 走 ➡ 那裡去 ➡ Knowledge

知識（專業） → 我懂我會講 → 手勢 ↓ 手心由內向外 → 因知而銷之
分享（經驗） → 我用我會講

推銷 ➡ 推 ➡ 往外使力 ➡ 煩死你 ➡ 壓迫你

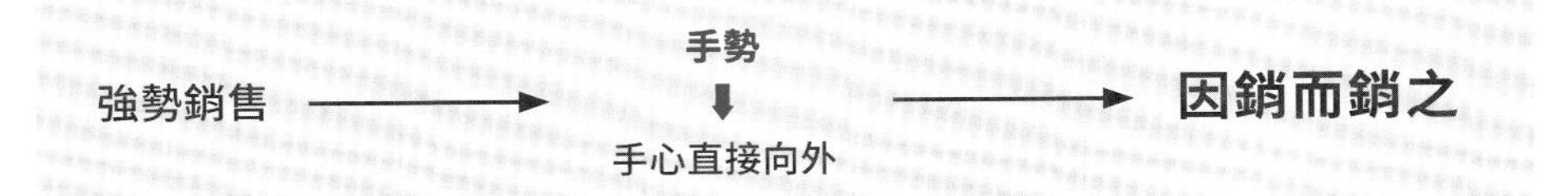

行銷 & 推銷圖

行銷就是一種「分享」的銷售模式

在銷售人的認知裡，「銷售分享」就是我們銷售的真諦，但我們真要回答「分享」為何是我們銷售的真諦時，能解釋到恰如其分者，卻是不多，我們不該讓外界誤認為銷售人只是利用「分享」，作為「推銷」的代名詞、包裹利益的糖衣、掩人耳目的障眼法。

而「分享」過去似乎是直銷人的專利，其實這是個狹隘的錯誤認知。
「分享」它本來就該屬於整個銷售界，它是銷售的最高尚行為，只是直銷人早先體悟且發揚光大。

要解釋「分享」前，你必須先確認你從事的銷售行為，是行銷？還是推銷？行銷就是一種「分享」的銷售模式，我做了這樣的解釋：（如圖）
行銷的行，行就是走的意思，走～你要走到哪裡去，哪裡去～ Knowledge（音譯），Knowledge是什麼？我們都知道是「知識」，所以行銷就是知識銷售，也就是專業銷售，所以「我懂所以我會講」；行銷也是經驗銷售，「我用過所以我會講」、「我感受很好，所以我告訴你」，行銷是「因知而銷之」的高尚銷售行為。

行銷是「因知而銷之」
沒有切身的感受或感動，是無法感受「分享」的魅力，我們也可以這麼說，「分享」並不是簡單的話術就可砌成，而是由內而外釋放的一種「共好」情緒、一種不願「寡佔獨享」的無私態度。

既然是出自內心，表示是出自「真誠」，如果真是真心話，就表示我們不騙人、不害人。

「眼神、肢體」不會說謊
而人不會說謊的二個部分，一是眼神，一是肢體動作，
我們可以試著輕易的帶出「分享」的肢體動作，你會發覺手心由內向外，先內化而外播，你我皆然。

也就是說如果你沒有認同、體驗產品前，沒有親身感受、感動實證前，我們就永遠感受不到「分享」的力量。

相對的，如果，你不是出乎真心，肢體動作就會有一些不協調感，而產生做作、曖昧、不自然的現象反應，而對方也會感受得到。這也就是為什麼有些人，在銷售前努力背了一堆話術，卻無法自然表達的主要原因。

而推銷呢？（如圖）推銷的推，推～往外使力……
唸快一點諧音就像是煩死你……煩死你……

不斷釋放壓力、壓迫，它是一種標準的強勢銷售，為成交而成交的銷售行為，肢體動作會把我們內心想法直接作反應，我們可以試著直接做這個動作～推～手心直接往外使力，自己懂多少不重要、自己有沒有產品經驗也無所謂。我們可以稱它是「因銷而銷之」。

頂尖者的銷售就是一種分享銷售，所以它是售以見證。「好東西要與好朋友分享」，一句廣告詞，就完全解釋這份事業的初衷。它賣的是一種感受、一份真誠、一種服務、一生的承諾。它是一種感覺型行銷，既然是感覺行銷，您認為感性容易切入？還是理性容易導入？我們無疑的找出切入行銷的入場券。

★祕笈 40★溝通達人的「傾聽＝情蒐」

傾聽

眼神相視～深深的慢慢地點頭就行～就好像睜眼打盹～

緩衝語

回應肯定附和語「原來如此」、「沒錯」、「對啊」、「就是啊」、「說的有道理」、「你好厲害喔」

「共鳴」

活用「共鳴」感嘆詞「嗯……」、「噢……」、「哇……」

肢體

肢體附和～肢體不會說謊　自然肢體互動

溝通交流的根本之鑰～傾聽

古希臘民諺說：「聰明的人借助經驗說話；更聰明的人根據經驗選擇不說話。」

人際互動的關鍵在於「傾聽力」

「沒有什麼比被理解和被重視更能激起客戶的購買慾！」

「老天爺給我們兩隻耳朵一張嘴，就是讓我們多聽少說。」

傾聽對方說話，會讓人有「被尊重」的感覺，這種感覺就是一種人性反射需求，它非常有助於達成良好溝通，而且讓對方暢所欲言！

在人際的互動中，對於「沒有準備要當我們聽眾的對方」、「強迫我們只當他聽眾的對方」，通常我們也會出自本能主動的「關上溝通心門」。

所以溝通是「聽出來」的，「傾聽」才是通往人心開門的捷徑，不懂傾聽的人，是無法感受到對方真心思維，更難有交集共鳴，結論往往成為敷衍式的、禮貌性的無意義互動行為，更遑論建立信賴的情誼關係。

「傾聽 = 情蒐」

對銷售者而言，「銷售溝通就是～聽七分，說三分～」
「成敗是『說』出來的；機會是『聽』出來的。」
「用他的嘴說他想聽的話！再用我們的嘴說出他想聽的話！」

戴爾．卡耐基更曾說：「在銷售過程，做一名好聽眾遠比自己說得多更有效果。如果你內心對客戶的話感到興趣，而且有聽下去的衝動，通常不意外訂單會不請自來。」

傾聽蒐集客戶屬性的七種類型

1. 敦厚老實型

人格特質：
a. 實事求是，不善言談，單純寡慾，善誘以理，接受度高
b. 購買較屬被動，內心善良，感受善意時，不懂拒絕
應對之道：→面對銷售，容易緊張，放鬆對方情緒，容易交心

2. 外強中乾（自卑）型

人格特質：
a. 人格特質缺乏自信，口語中不斷誇浮成就虛榮
b. 即使沒有能力，為了面子亦表現出強人的氣勢
應對之道：→順勢認同讚美，以提攜之情以求肯定

3. 內向思考型

人格特質：
a. 不主動說話，重判斷思考、較主觀，但接受建議
b. 表情較嚴肅，觀察力強，重傾聽，重實務
應對之道：→誠懇、專業、端正儀態是攻克此型不二法門

4. 外向幹練型

人格特質：

a. 標準社會歷練型，與人為善不交惡，交友廣闊

b. 給人容易接近的感覺，但買與不買會坦率直白

應對之道：→坦率直白但絕不傷人，成功人士之表徵，朋友群眾多，就算沒有成交，也盡可能保持關係，日後絕對有所幫助

5. 天生助人（慈善家）型

人格特質：

a. 對任何事物都充滿感動，抱民胞物與之情懷

b. 感性掛帥，語調溫馨親切，貴人多出自此型

c. 喜歡聽故事，也喜歡講故事

應對之道：→多感性互動，只要能力範圍內，相挺不難

6. 溫恭有禮型

人格特質：

a. 謙虛有禮、談吐有氣質、無偏見、好知音

b. 重視態度，對逢迎拍馬之舉尤為反感

c. 對知書達禮、好學、誠懇之人特別敬重

應對之道：→訴之以情、說之以理，君子之交有需求自然相挺

7. 猜忌多疑型

人格特質：

a. 人性本惡型，防禦心重、生性多疑，擔心受騙上當

b. 過去的生活或工作經驗較不如意，朋友不多

應對之道：

→盡力而為，這型客戶是最標準的難以締結客戶

傾聽技巧：

- 面帶微笑，表情自然豐富
- 過程中，不做任何其他事，手機靜音
- 重點摘要對方談話，不妨作筆記，更顯重視
- 不打斷客戶談話，不主動插話給意見
- 暫放主導地位扮演聆聽者角色
- 「嗯嗯！」、「我了解」、「對呀」、「原來是這樣」等肯定語句運用
- 適度傾聽反應（客戶說話暫停時）
- 眼神相視～只要深深的慢慢地點頭就行～就好像睜眼打盹～
- 緩衝語～回應肯定附和語：「原來如此」、「沒錯」、「對啊」、「就是啊」、「說的有道理」、「你好厲害喔」
- 活用「共鳴」感嘆詞：「嗯……」、「噢……」、「哇……」
- 肢體附和～肢體不會說謊　自然肢體互動
  ～你看我昨天做的指甲～你看我昨天改的眉型～你看這是我昨天進的唇膏

★ 祕笈 41 ★ 產品說明技巧

產品創造「新利益價值衝動」

每一位客戶內心產生購買（產品）意願前，都會有一個重要的關鍵念頭，那就是：「它對我什麼好處？」

客戶絕對不是因為我們的產品有多好，而直接產生衝動。

因為產品再好，如果無法和客戶的個人、生活、家庭、興趣、能力等做出「向上」連結，就無法連結「購買價值」的慾望衝動。

所以最根本的購買意願驅動力是～
讓「產品功能」創造客戶新需求的「利益」、「優點」存在；
讓產品轉化成「新利益的價值衝動」。

什麼是「新利益的價值衝動」？
我們常說銷售要創造「需求」，但「需求」可能只是靜態意念，無法激起漣漪，「可以要」不等同於「我想要」。

客戶常說的「可以考慮」、「有需要再買」，客戶不是否定產品，不是沒有「需求」，而是找不到迫切購買的正向動念。

「靜態需求」轉化成「動態賣點」

我一再強調客戶購買意願的驅動力，是來自「新利益的價值衝動」。

我們必須知道所有被遊說成功的消費行為，都摻雜「感性衝動」的支撐點，而這個「支撐點」，我們不妨就當成**「動態賣點」**。

「動態賣點」就是把「需求利益」有效果性的放大、激化、連結、延伸甚至改變。

也許是一個產品衍生的故事，也許是產品創造出的改變實證，也許是名人佐證，套用在該客戶「可能被改變」的意願上，刺激**「感性價值衝動」。**

記得十五年前，當我兒子唸幼稚園大班時，有一間出版社業務到家裡拜訪我們，她是來推銷一套 8 萬多元「兒童啟蒙百科」套書（我當時居然沒有詢問她是如何有我們名單的）。

我必須坦白說，她看起來就像是一位樸實無華，但有著氣質談吐和親和力的鄰居媽媽，而且善於說故事，讓人沒有距離感。

她的產品溝通中，給我們是無限「望子成龍」的願景想像，她大概說了幾個重點，讓我們夫妻同步融入在她的觀點認同上～

@ 這是結合教育學家、心理學家、醫學家等百家彙總的兒童啟蒙百科，內有導讀書籍、玩具、CD、及親子課程。但關鍵是「父母能否陪同參與」。

行銷訴求：**【強化產品專業多元功能，突顯父母陪同角色是激化責任感】**

@「5 ～ 8 歲」是小孩智力啟蒙期，也是「意象」和「心象」的摸索期，這時小朋友心智正在疊層架構，無論看的、聽的、碰觸的，都會成為印象連結和心智走向，「百科」的目的，就是讓小寶貝沉浸在萬象包羅的正面選項，形成懵懂期卻有正面方向性的人生第一次「自主抓週」。

行銷訴求：**【訴求專業表列，跟著專家走，給孩子健康心智的成長方向】**

@ 她娓娓道來的育兒經，及如何透過「百科」拉拔如今優秀音樂天賦的兒子，也是她願意放棄公職推廣「百科」的動念。

行銷訴求：**【個人育兒階段經驗分享（同步共鳴認同）及工作職志理念】**

@ 秀出不下百張「客戶家庭合照」簿，不乏知名公眾人物。
行銷訴求：**【產品效能佐證；公眾人物背書效應的安定作用】**

@ 秀出「父母成長營」、「與專家座談」免費活動照片，鼓勵我們參與。
行銷訴求：**【擴大附加價值，父母同步學習成長】**

@「優秀父母 12 期零利息」專案。
行銷訴求：**【減輕年輕父母費用負擔的體貼策略】**

以上她闡述的重點，似乎告訴我們這就是「成就兒女」從小扎根的捷徑，身為父母，怎麼樣也要咬緊牙，絕不能讓小孩子輸在起跑點，就這樣我們一談就是四個鐘頭，還留「她」在家裡吃飯，拍了一張合照，也滿懷期待加上理所當然的給兒子買了一套「兒童啟蒙百科」。

產品事實狀況 Just fact	解釋說明 Explanation	利益優點 Benefit	重複特性 Repeat
這產品成分……都是天然抑制脂肪囤積的健康元素。	所以一則不用擔心復胖，二則不會產生副作用。	也就是說您就能簡單同時擁有健康及苗條的身材	尤其主要成分甲殼素它可以： 1. 縮短食物…… 2. 含正電 3. 降低三酸甘油脂 4. 超纖類所以……
這水機是以高精密 xx 濾心及 xx 作用將水淨化，有效去除雜質。	水是人體最重要的營養素，喝水是要喝進營養，喝進健康，而不是單純解渴。	在這處處水污染的環境，我們可以不必消極飲用所謂純水，就可以輕鬆獲得家人健康。	特別要介紹的是活性碳專利配方，它有： 1. 吸收重金屬 2. 保留水溶性礦石 3. 分子團小……所以

「產品說明流程標準化」（SOP）

如前言所述，「產品說明技巧」的關鍵，著重於讓客戶在最短的時間內簡單、清楚、明白該產品對他產生的購買必要性，並且將產品功能轉化為「新利益的價值衝動」。

為達成這樣的設定目標，你應該把你所銷售的每一項產品，有序鋪陳一套標準化的（段落條例式）產品說明流程。

「產品四段論述法」（如圖），就是勾勒產品說明話術架構的最佳藍圖，為你的產品做一份有系統的條例說明「話術」（註 1）整理，主要目的是就能快速蒐集客方需求點及銷售切入點。當你的產品說明流程標準化，駕馭客戶對應就能逐次熟練。

熟稔了這個階段，你會發現，客戶的產品的對應，幾乎都在一定的範圍，適時整理「答客應對錄」，讓客戶的對話都在你的經驗掌握中，這是 Top Sales 很重要的行銷課業。

註 1：所有的銷售話術結構，都來自經驗整理，是溝通的腳本，提供參酌運用。臨場應變，仍需隨機反應，切莫照本宣科。

產品說明實證：找出利於銷售的證據

銷售產品／證明方法	水機	XX 保養系列			
實物展示	▲	▲			
專家證言	▲				
視覺證明		▲			
推薦、感謝信函		▲			
保證書	▲	▲			
統計比較資料	▲				
成功案例	▲				
公關報導		▲			

產品實證圖

產品四段論述順序

1. 產品事實狀況：@ 該產品研發動機 @ 該產品成分介紹 @ 該產品的市場反應
→【為產品說故事，美化產品研發動機，強調成分特殊性及客戶滿意度】

2. 產品解釋說明：@ 產品功能說明 @ 產品使用說明 @ 產品實證說明
→【展示商品，功能介紹、使用說明、實證展現、觀察互動訊息】

3. 利益優點分析：@ 該產品能帶來的利益 @ 該產品能帶來的改變
→【產品帶來的願景分享、成功實證案例分享、觀察互動訊息】

4. 重覆產品特性：@ 判斷客戶需產品缺口 @ 強化客戶需產品適用性
→【從互動中判斷切入點，適時謀合產品特性與客戶適用性】

商品展示→眼見為憑的魅力
讓產品「自己說話」；讓效能創造「高 C/P 值回購率」
→「強力銷售」不如「產品實證」；「想像」不如「感受」；「買到」不如「賺到」。
我們應致力產品效能展現，讓消費者直接感受產品魅力。

銷售最具說服力且最具效果的銷售技巧是「感官接觸法」，無論是視覺、聽覺、嗅覺、味覺、觸覺，都能增進客戶對產品信任度。

而「感官接觸法」可以透過「解說」、「展示」、「體驗」等三種技巧組合運用，
達到多元的感官觸覺運作。
「解說」是我們當面透過 DM 說明產品效能，客戶用耳朵聽，
「展示」是當著客戶的面，示範產品功能與證明，
「體驗」是觀看示範後，邀請他親自參與體驗感受。

無論你的展示是在產品說明會、體驗會或一對一分享，都會帶來以下積極正面的效果：

---

1. 提高客戶的注意力和興趣：思考速度是說話速度的數倍，說得再生動，也比不上客戶的自我認知，生動有趣的展示技巧，就有助於提高客戶的注意力和興趣，使他們融入到產品的利益價值中。

2. 使客戶更容易了解商品的優點：產品的特殊功能與效果，經過生動的示範後，比起口頭陳述更容易了解，示範遠比舌燦蓮花更具說服力。

3. 使客戶知道如何正確使用產品：透過眼睛看到產品見證，並親自參與產品體驗，正確明白使用產品的方法，有助於產品認同。

商品展示確實有著眼見為憑的魅力，只要熟能生巧，銷售產品自然就輕鬆有趣許多，但若你的產品是無法用展示就立即看到效果，你也不用灰心，產品使用見證人的分享會，亦算異曲同工之妙。

產品說明後，觀察客戶有「購買訊息」時，或客戶沒有明顯反對意見時，請直接進入【試探成交】階段。

【試探成交問句】
目的：要求成交或帶領客戶進入成交階段
時機：產品說明完後 → 直接試探交易 → 進入異議處理
執行技巧：眼神注視，說完停 3 ～ 5 秒
➢ 需不需要我為您做更進一步的服務？
➢ 還有什麼不了解的，我可以再詳細說明？
➢ 如果沒有其他問題，我們就這樣決定了，好嗎？
➢ 不曉得還有什麼我沒有解釋到的，您不用客氣！
➢ 今天的說明，應該對您是會有幫助的，是嗎？
➢ 謝謝您給我展示產品的機會，不曉得您是否滿意呢？
➢ 謝謝您給我展示產品的機會，要不要帶一套產品回去試試？
➢ 謝謝您給我展示產品的機會，不曉得有沒有機會為您服務？
➢ ……？

★祕笈 42★ 溝通達人的「黃金問句」

溝通從「提問」開始

套句廣告流行語：「好的溝通帶你上天堂，不好的溝通讓你住套房」，懂得銷售表達的人，了解銷售本身就是一種溝通表達的藝術，而溝通表達也不只是說與聽的技巧而已，如果我們懂得運用溝通「提問」～

一則它就會是我們**「掌控銷售主導優勢的利器」**，透過適當的詢問語句創造溝通互動，減少冗長的贅詞，消弭多餘的閒聊，盡快進入主題；

二則它就會是我們**「掌握對方情緒的利器」**，透過適當的詢問語句引導氣氛，重新走入情緒。

「成功的銷售的開門，是如何打開客戶的笑穴。」
「成功的締結是如何引出對方隱藏的感性情緒。」

透過以下的詢問語句，加以嫻熟運用，你就可以簡單的創造主題、引導話題、走入產品、順勢結尾；銷售溝通，自然就可以衍生出自己的步調與節奏，創造出獨自的話術結構。

五大黃金問句話術

一、開放式問句

主要使用的時機與功用為：

時機 1. 欲取得訊息時：

功用：

開放式問句，主要是使用**銷售溝通的初期**，因對客戶的資訊可能沒有太多的蒐集，為了**確保對方訊息完整性及後續銷售方向的準確性**。

希望透過我們簡單的發問，卻能讓對方隨著我們的議題，而能暢所欲言的回答我們期待的未知。

時機 2. 讓客戶表達看法和想法時：

功用：

在銷售過程中，掌握議題主導權就能輕鬆掌控銷售優勢，但過程中不是我們多會說，而是我們多會問，也就是我們懂不懂得**「拋問題、挖意念、勾想像」**。

讓對方在我們主導的議題上，發表自己的看法和想法，讓議題「產生互動」，不斷「創造交集」，就容易掌握議題主導權，而不至於淪落無人應和的獨腳戲。

例句 1. ……不曉得……（引導法）

→劉小姐，其實大部分的人都不了解自己的肌膚狀況，**不曉得**您是否了解您適合的美容保養品呢？

→聽陳小姐這麼說，似乎這個問題常困擾陳小姐，**不曉得**您是否想過解決的辦法呢？

例句 2. 您有沒有覺得（您是否想過）……（引導法）

→**您有沒有覺得**現在的空氣品質非常差，聽說現在十個小孩子當中就有一個氣喘兒，您有沒有什麼因應之道呢？

→**您是否想過**趁年輕多學一份技術，多一點活路，多一些收入呢？

例句 3. 您有沒有發現到（注意到、聽說）……（引導法）

→您有沒有**發現到**現在孩童的近視比率真的是高的嚇人，您對小孩的視力保健有作哪些預防準備呢？
→您最近有沒有**聽說**「XX 飲食瘦身法」？

例句 4. 您對……有沒有什麼看法（直述法）

→**您對**台灣的飲用水**有沒有什麼看法？**

→**您對**小朋友從幼稚園就學英文**有沒有什麼看法？**

二、閉鎖式問句
主要使用的時機與功用為：

時機 1. 總結或確認客戶問題時：
閉鎖式問句，主要是使用銷售溝通的末期，也就是把先前與客戶溝通出的問題，在提供解決問題前，透過此種問句方式，有效、簡短、避免冗長，**讓客戶以 yes or no 回應，便利於我們再次作整理確認的動作，以利銷售收尾。**

時機 2. 預設問題引導時：
在銷售溝通的末期，我們多少透過之前的溝通情蒐，掌握了對方的問題點或可能需求，透過此種問句方式，**直接把問題點引導出來，再給予解決方案。**

例句 ……是否、是不是、是嗎、好嗎、沒錯吧、對嗎、可以嗎……
→ 您剛才的意思是說，只要有效果，您就會想試試看，**是嗎？**
→ 所以，您現在考慮的，只有「實用性」和「保證性」這兩個問題，**沒錯吧？**
→ 您**是否**認為每個人都應該要有身體「定期進廠檢查保養」的觀念？
→ 其實您很喜歡這套產品，只是耽心價格的問題，**是不是？**

「如果客戶應答與我們預設對談相違時，
請說：『為什麼』、『怎麼說』探詢該話動機及想法。」

三、拉回主導語句
主要使用的時機與功用為：

時機 1. 抓回溝通主控權時：
我們多少都會碰到一些主觀極重的客戶，談判溝通的主導權幾乎都掌握在他手裡，**透過拉回主導語句，給我們發表自己主題的空間**，或藉此引導對方進入我們溝通的話題。

時機 2. 避免偏離閒聊時：
有些客戶只要一打開話匣子，談到自己心儀的主題，就有如行雲流水，連插話空間都無法介入，甚至渾然忘我，連我們都跟著進入他的話題情境，**讓銷售溝通成為不必要的偏離閒聊。透過拉回主導語句，刻意卻不故意的將主題拉回**。

時機 3. 藉由驚嘆語氣拉回主導優勢：
使用在對方一段話題結束後換大氣時（約三秒鐘），這三秒鐘對方其實是在思考下一段該講什麼，或不知道該講些什麼，此時丟出一個驚嘆句，不但不會不好意思，**反而解決對方沒有話題的尷尬，藉此重回我們溝通的話題。**

例句 1.……哦！對了……（引導法）
→ 您說的我大致都了解了。**哦！對了！**您之前提到想了解一般保養品和我們 ××× 系列的差異，我現場馬上做個實驗，陳小姐您看……
→ 謝謝謝陳先生的肯定與讚許。**哦！對了！**陳先生，我是不是可以按照您提的需求，把最適合的產品組合再解釋給您聽好嗎？

例句 2. ……啊！我有一個想法（辦法、念頭）……（引導法）
→哦！原來是這麼一回事，**啊！我有一個想法**，我覺得可以幫到您，您要不要聽聽看？

例句 3. 我可以冒昧請教您個問題嗎？（直述法）
→ 我覺得您是一位非常有自己想法的人，**我可以冒昧請教您個問題嗎？**

四、指令口吻語句
主要使用的時機與功用為：

時機 1. 給予對方明確建議：
使用在**對方已經知道自己的問題所在或現有面臨的疑難時**，透過指令口吻語句給予明確建議方向。

時機 2. 替對方思考問題、解決問題時：
在對方確認現有問題點後，透過指令口吻語與對方一起思考解決方案。

時機 3. 提醒對方也知道的明顯問題時：
直接了當的針對對方已知的實際問題，直接提出忠告。

例句 1.……恕我冒昧，您是否應該……
→ 原來陳小姐也是經過一段艱辛，您的豁達，讓人佩服。哦！對了，陳小姐，**恕我冒昧，我覺得您是否應該**對自己更好一點，像我剛剛說的……。
→ 像您這樣經常性頭痛，常吃頭痛藥也不是辦法，**恕我冒昧，我認為您是否應該**真的去做個身體健康檢查，之後也該好好保養身體了。

例句 2. 您是否想過……您應該……
→ **您是否想過**，像您這樣不要命的工作，**您應該給**自己身體喘息的機會，我建議您……。

熟悉以上四種語句的練習與套用，並且習慣性的運用在你的生活周遭，讓「它」變成你生活的部分，你就會慢慢懂得什麼叫「溝通自如」。
在銷售上更要把產品的特色、價值與客戶需求做有效的連結，配合情境、情緒及肢體動作的輔助，溝通銷售絕對有事半功倍之效。

★祕笈 43★「主動式的熱情」～「釋壓情境」～拉近關係的能力

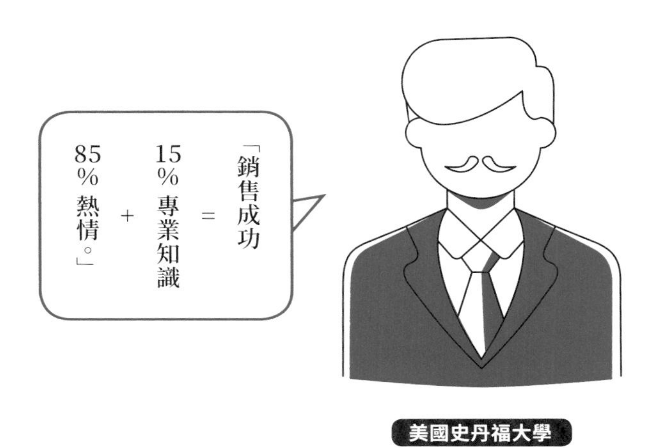

熱情就是陽光能量

美國史丹福大學曾經做過調查，得出一個銷售者「成功」與「熱情」組合的公式：

銷售成功＝15% 專業知識＋85% 熱情

也就是說，如果你有能力讓客戶感受到你釋放的熱（樂）情並且樂在其中，這也就意謂著你的銷售成功機率已達 85%。

美國電視脫口秀主持人歐普拉．溫芙蕾說：**「熱情就是能量。專注於令你興奮的事情，你就能感受到那股力量。」**

你必須對銷售充滿熱情興奮，對客戶充滿熱情專注，那是一種自信樂觀的吸引力，充滿吸睛的能量魅力。

「熱情的先決條件」是你必須

「先熱愛」、「專注你所愛」、「義無反顧相信你的所愛」，

讓「它」成為你生命的理所當然，唯有如此

「熱情」才能遭遇枯燥乏味和挫敗也都「甘之如飴、處之泰然」

「熱情」才能吃苦當吃補、只有活力無畏阻力「凡事都帶勁」

「熱情」才能正向樂觀，化猜忌懷疑轉向「認同感染魅力」

熱情代表陽光，所到之處沒有負面和陰暗，光熱正能量照耀所有萬物。我們眼裡的每個人、每件事都是那麼美好、那麼特別！在這種思維方式下，正能量的循環不只改變自己，更感染週遭，而你的影響力正在持續發生。
熱情也有可能是一種別人眼中的雞婆，是種多管閒事，也唯有當事者能感受，那是我們一種分外的付出。

「來自內在自然衍生釋放的熱情，對外就是一種催化感染力，更是拉進關係的能力。」

「主動式熱情」催化感染力，讓人投入快樂情境
熱情如火～可以自燃～更有能力助燃～
一位成功的銷售者更要懂得主動釋放熱情，感染週遭，帶人投入快樂情境，讓自己成為影響力人物。
銷售者就像舞會裡翩翩大方的紳士，你一定要懂得主動邀請女士（小姐）跳舞，這是風度也是責任，帶領你的客戶熱情的快樂的翩翩起舞。如果你不主動，你可能只會坐冷板凳。
更怕的是，你不但不是個熱情奔放的「熱場者」，反而是把氣氛搞僵不折不扣的「冷場王」，如此一般，神仙也難救乎！

記得不主動：氣氛會很冷、很僵、很尷尬
～有一次我一進住家大樓電梯時，電梯裡只有一位不熟悉的時髦女性，我禮貌性的說聲：「妳好！」她沒回應就算了，還臭臉轉身面牆，讓我當下也覺得尷尬，我好想問她一句：「我曾經傷害過妳嗎？」

記得不主動：你就和慢熱型絕緣
你永遠交不到慢熱型的朋友，而慢熱型的人卻很容易被主動熱情的人感染，他們特喜歡和主動熱情的人接觸

釋放熱情是要告訴大家：我是一個製造快樂氣氛的人，我是一個可以帶你離開負面情緒的人，而離苦得樂是人生存的本能
「熱情，是一種不完成會不舒服的情緒，它是一種續航力。」

「凡事主動，人生就沒有黑洞」、「凡事熱情，人生就沒有遺憾」
唯有「主動式的熱情」，你才能在茫茫人海，被人看見、被人注意，你一定有這樣的經驗，對初次見面的人聊起來好像認識許久的老友一般，陌生感瞬間溶化。為什麼會這樣呢？因為「主動式的熱（樂）情」會直接帶我們進入到「釋壓情境」，讓我們心裡產生「這個人有可聊、好聊的氛圍」，可以讓第一次的陌生隔閡降到最低。

熱情會催化感染力，所以帶著一顆熱情開心的心，「主動出擊」、「主動關心」，
因為這個特質，你一定是受人喜愛，你一定充滿開朗樂觀，
你會讓我們有著自然釋放壓力的魔力，
你會讓我們有一種相見恨晚的遺憾，你更是眾人想接近的焦點人物，
這個特質是什麼你知道嗎？
那就是魅力最重要的一點：「主動式的熱（樂）情」。
「凡事主動，人生就沒有黑洞」，是成為有魅力的人的必要條件，我們現在就用想像力，想像著妳現在就是一位咬著紅玫瑰，熱情的西班牙舞孃，在佛朗明哥的樂曲中與周遭的朋友煽情的打個招呼吧？成為群中注視的焦點！你心裡想著你是明星，你就會有明星的氣質光環；如果你擔心的是別人不屑的眼光，心有顧忌、心有罣礙，失常出糗在所難免！
適度的做好自己、曝光自己、表現自己，就是最好的自己。

有沒有人覺得自己內向，不敢主動釋放熱情，沒關係！內向只是你給自己下的心錨，許多藝人台上很搞笑，台下很寡言的雙重性格，康康、許效舜都是如此。
因為舞台就是他們的工作，除非你就是喜歡自己內向的個性，除非你自己不想改變。簡單試著改變一點點，先融入人群，先放下羈絆及過度的矜持，你還是自己，而且是更多元活潑的自己。

第五章

人脈、客戶開發篇

★祕笈 44★人脈從微笑開始

你無法選擇相貌，但你可以選擇微笑

銷售要成功，人脈是關鍵。人脈誠可謂銷售之命脈。我常看到有許多銷售夥伴，進入銷售產業後，才懊惱過去待人接物沒有好好用心，導致如今尋找客源，力有未逮。

人脈總是侷限難以擴充，那我們不妨「重新做人」，用「微笑重塑形象」，用「微笑拉近距離」，所謂「伸手不打笑臉人」、「禮多人不怪」，要知曉「微笑」是會有「回報」的，人際關係就像「天秤平衡」，你怎樣對別人，別人就會怎樣對你；你對別人的微笑越多，別人對你的微笑也會越多。一個禮貌性的點頭微笑，連陌生人似乎都要有所回應，否則都會覺得自己不夠得體。

微笑是高標「人際智商」

微笑也是一種品性修養，更是一種人際關係的重要觸媒，我們都稱它為「親和力」，用更學術性的說法，微笑是一種高標「人際智商」的產物。

真正懂得微笑的人，總是容易獲得比別人更多的機會，總是容易取得成功。

從事微笑效應研究的專家戴爾·強生（Dale Jorgenson）也發現，常對別人報以微笑的人，更容易看到別人對他的微笑，看到的微笑越多，心情就會越好。所以，當你笑對他人的時候，你不僅能影響別人，也能改變你自己。

「微笑就如同一面鏡子，當你笑時，全世界也都跟著你一起微笑。」當對方都給我們正面的環境，我們對人處事也能增進更多人脈自信。

微笑的內涵是大愛，懂得大愛的人，人生自然不會平庸。
重點是你如何展現最自然也出於內心的真誠的微笑呢？
不用思考了，經過思考就表示是刻意做出來的動作，當然就不會自然了！你說是嗎？

微笑簡單就可以練習
微笑其實很簡單，來跟著我的動作試試看！
首先腦袋放鬆、接著眼睛放鬆、鼻翼兩側放鬆、嘴角放鬆、最後下巴放鬆，有沒有覺得此刻的你頭部及臉部表情好輕鬆自在。

重點來了！
現在請你試試說著「一」的音～持續拉長音～然後請把嘴唇閉起來！就是這個表情！記住！這就是自然微笑的標準表情了！一定要記住！一輩子受用。

微笑是人脈開發最好的名片
微笑是人脈開發最好的名片，誰都希望與充滿樂觀向上的人交朋友。
微笑能給自己帶來自信與勇氣，也能帶給別人一種安定、友善的訊號。
人脈要成功就要與人結緣，結緣要無礙，「微笑」就是打開心門的鑰匙。

當對方心門已開，我們「胸襟」就要更寬大，要「真心付出」，不要期望回報，更不要奢想馬上開花結果→「才能結善緣」，從而發展更好人際關係。

要求自己做人處事務必以「正念」為初衷。發出「真誠訊號」讓人願意主動接近你。不強求、不帶目的性的人際往來，一旦機緣轉化為朋友，日後一旦有產品需求發生，想要刻意忽略我們的存在，就有違人格道義，此次我們可以處之泰然，因為壓力糾結都在對方身上。

記住！越是這樣的狀況，越是要保持冷靜，不用多話，還是給他一個淺淺的一抹微笑，此時「無聲勝有聲」，無聲給的壓力只有三個字可以形容，那就是「恐怖喔！」

養成每日微笑面對每個人，說出一句您好！您早！感謝您！不客氣！等的禮貌性問候，讓自己充滿朝氣的正能量感染周遭的所有人。
當微笑的表徵成為你給別人的第一印象，你就很容易進入他人心中的「好感度」名單，認識你的人越多，「好感」集結的力量就越強，如同趨吉避凶的魔力，好事都有你，壞事不沾邊，你的人脈運勢也將勢不可擋！

微笑是人際之間最好的語言，一個自然流露的微笑，勝過千言萬語，無論是初次謀面也好，相識已久也好，微笑能拉近人與人之間的距離，彼此之間倍感溫暖。

等一下出門，就不妨試試把剛剛所教的**「自然微笑的標準表情」**帶出門 ，投射在你認爲與你投緣的路人甲、乙、丙、丁的雙眸，
你會發現，今天的你似乎還挺受歡迎的，抓住這種感覺，每天如此保持下去，好人緣就此開始累積！

★祕笈 45★人脈發展

別說你沒有人脈，除非你做人失敗

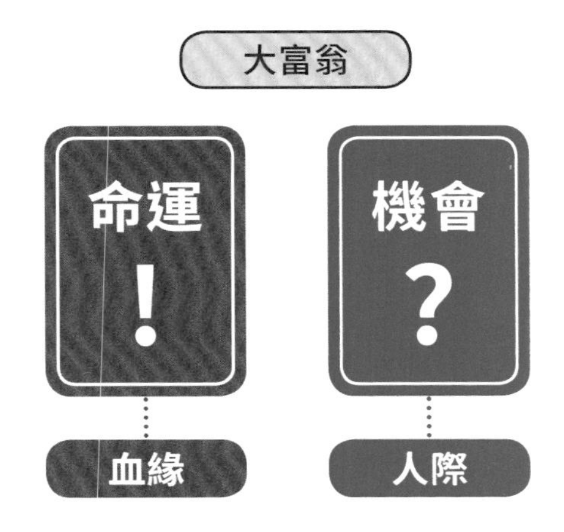

別說你沒有人脈，除非你做人失敗（你可以大聲喊）
我們常說人脈就是錢脈，古諺：人多好辦事
好事讓你左右逢源，沒事也讓你家裡浴室冒溫泉
人氣——多少人認識你；買氣——多少人相信你
→能夠喊出名字而對方也能喊出你名字。
→因信任而買？
也能喊出名字的人。因產品而買？

一個人終其一生的財富
世界知名的史丹佛大學研究中心曾發表一份驚人的調查，研究結論指出：一個人一輩子賺的錢～
12.5% 來自知識，87.5% 來自人脈
12.5% 來自知識→所以～讀書好，讀書好，人不讀書好像瞎子～內涵加分→**學校成績最優的，不代表社會適應力是最強的**
87.5% 來自人脈關係→社會關係經營
多可怕的數字～財富的多寡～做人成功與否有關

李嘉誠：「從你的朋友群，就能得知你這輩子財富多寡。」——
別低估自己的能力，也別懷疑自己的人際關係，其實人生的道路上老天已經安排自然發生，只是你有沒有適時掌握。

你的人脈發展途徑～

你玩過大富翁遊戲嗎？有的話你一定知道遊戲紙中間有兩副暗牌，一副是「機會」，一副是「命運」，玩了幾次你會發現，通常「機會」常充滿驚喜，而「命運」的運氣則嗟怨連連！

其實現實生活裡，「命運」可說是先天命，每個人只能接受安排聽從難以左右；而「機會」則是後天命，相對的，下主導棋的就是你自己，重點是順勢而為，亦或受人牽制，這就是你的人生局盤。

人脈發展

人脈 5% 來自「血緣」，95% 來自「機緣」

～你爸、你媽、你姐、你弟，無法選擇
～是好是壞你無法改變

95% 來自陌生機緣

機會→機緣相會～其實老天爺已經幫我們做陌生開發～
過去的同班同學不是你自己安排的吧！當然是老天爺安排～曾經的過往同事也是老天爺幫你安排～
就連你（未來）的另一半不也是天注定的嗎？
可是老天雖幫我們創造機緣，卻留給我們 95% 朋友自由選擇權，所以只有機會才能改變自身的命運。

掌握路邊「機緣」

→你走在路上有沒有與某路人似曾相識的經驗？其實真的是陌生關係喔！可是就是覺得眼熟，而且他好像也會多看你一眼，有沒有？抓住這種感覺吧！機緣錯過即逝！我師父說過，這就是一種「善緣」，是好的緣分，通常都會發展成不錯的朋友關係。

～咖啡廳的相親～

有一位漂亮的女士走進咖啡廳，看到一位帥氣男士單獨坐在角落喝著咖啡，於是走過去說道：「你是楊阿姨介紹的對象嗎？不好意思貴姓？我忘了！」，這位男士看著這位漂亮女士說：「哦！我姓劉！」兩人就在咖啡廳聊得非常愉快！一年後，兩人論及婚嫁，男士想在婚前坦白，於是跟女朋友說：「老婆！我要跟你坦白，跟你認識那天，其實我不是楊阿姨介紹相親的那位！」女朋友回：「我知道啊！沒有楊阿姨這個人呀！我一進咖啡廳看到你，我不想放棄機會，所以主動搭訕你呀！」

機緣靠自己掌握，姻緣更要自己努力擁有，不是嗎？

美國創業界有這句名言

「20 歲體力賺錢，30 歲腦力賺錢，40 歲交情賺錢，50 歲用錢賺錢。」

20 歲體力賺錢～經驗期～

→腦袋（思維）還沒長好（健全）。

→做別人付予的工作；學自己立身的功夫。

→靠體力賺取經驗；用經驗培養價值。

→別介意收入多寡；該在意吸收多寡。

→嘗試各種工作可能；安定不該是藉口。

→確立 30 歲起的事業（工作）走向（目標）。

30 歲腦力賺錢～發想期～

→人生最有價值的動念叫「靈感」～剎那即逝的智慧。

→掌握靈感 + 經驗分析 + 決策判斷。

40 歲交情賺錢～人際期～

→「多個朋友多條路，朋友多了路好走。」

→人際關係「豐收期」也是「驗收期」。

→事業工作經驗擴大期，而人際助力是關鍵。

→事業、工作成就分界點，向上向下已決定。

→產業合作、異業投資、結盟成熟開發期。

50 歲用錢賺錢～投資期～

→富（複）利人生。

→退休計劃管理。

→休閒運動管理。

不用在乎你成交多少「客戶」～
因為「客戶」與我們之間「只有交易，沒有交情。」
～我們在客戶心中分量自然「沒行情」～隨時可以被取代

該在意的是你能擁有多少「朋友」～「書到用時方恨少，人到用時全逃跑。」
→周華健的歌〈朋友〉歌詞中有一段：
～朋友不曾孤單過，一聲朋友**「你會懂」**→就是你**「懂」**我
「懂」我的意思→朋友間不用多話，「默契」、「溫度」一切盡在不言中

有一句話是這麼說:「在社會生存重點不是你是誰,而在於你認識誰！」這句話有點市儈,卻是不爭的事實。
但是人脈其實是一種「相互支持夢想」的互惠朋友關係，可以幫助雙方更接近夢想，相互吸引、相互扶持，豐富彼此的人生與人際關係，朋友關係才能綿久永恆。

★ 祕笈 46 ★ 客戶開拓技巧（社團開發力）

「成功機遇」始於「心態」

對銷售人而言，主動參與各式團體組織，是有效開發人脈的一條捷徑，在合理健康條件下與他人互動建立關係，從中學習服務人群進而為自己創造更多的成功機遇。

但值得我們思考的是，參加社團並不代表一定獲益良多，更多是無功而返、鎩羽而歸，這些成敗都關乎參加社團的心態。尤其有些人把加入名人社團視為建立人脈的捷徑，但抱著「野心」加入這些社會團體，效果可能會適得其反，甚至遭到排擠。

因「興趣」、「喜歡」、「適任」而加入

正確的作法應該是，首先選擇適合自己適任的團體，再以學習者的心態加入這些團體。畢竟每個團體中有很多成功人士值得學習，更重要的是，親眼目睹這些成功人士做事認真的態度，「認識他們」、「接近他們」、「學習他們」，在無形中對自己也有強烈的激勵效果！更有機會與他們成為日後助力的朋友。

社團組織是相當多元活絡，只要約略了解該組織的成立宗旨、運作模式、組織架構、章程、規範及入會資格，就可依個人需求，考慮是否有加入意願，重點是加入社團組織運作，一定要有提撥相當時間參與的意願，否則難以經營人脈拓展之效益。

五大類社團組織分析

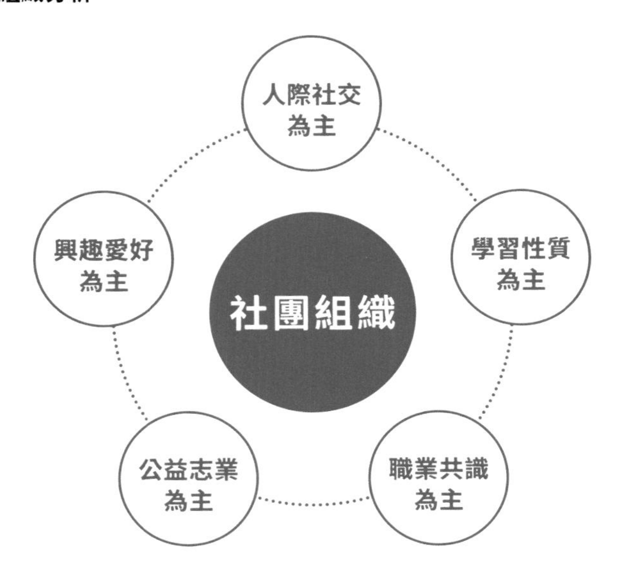

以人際社交為主的社團組織：
以人際交流互動，藉以增廣人脈資源，以利擴展服務為宗旨。
主要參與者是以「事業」、「工作」為主的人際交流互動性質。
例：獅 X 會、青 X 會、扶 X 社、蘭 X 會、四 X 會、紳 X 協會……

以學習性質為主的社團組織：
以全民教育「終身學習」世代、知識多元管道為服務概念。
公辦、民營學習單位，學術、進修、專長培訓、第二專長等。
例：大學進修推廣部、社區大學、培訓單位、專家考證班……

以職業共識為主的社團組織：
以職業公會、協會所產生的產業相關組織及附屬單位。
以該職業人口權益、福利、生活服務為宗旨的組織。
例：美容時尚協會、美容法律協會、褓母協會、居家福利協會……

以公益志業為主的社團組織：
以扶弱濟貧、急難救助為宗旨的基金會、義工組織。
公益基金會義工團體、宗教公益組織、醫院義工團體、地區公益組織。
例：學校家長義工組織、義交公益組織、義消公益組織……

以興趣愛好為主的社團組織：
休閒活動、才藝、運動、棋藝、歌唱、樂器、遊戲……為興趣的社團組織。
以興趣同好凝聚向心的社團組織，培養、切磋、交流、競技等組織功能。
例：桌球社、羽球社、舞蹈社、棋藝社、吉他社、插花社、桌遊社等等。

團體人脈經營三要訣

了解 ➡ **定位** ➡ **付出**

社團人脈經營三要訣
有人說「社團人脈發展」靠的是「經營」，我倒覺得「經營」這兩個字有那麼點過於「簡化目的性」私心感受。**「等值交換」、「互利雙贏」是人脈經營的關鍵籌碼**，首先我們可能必須確認擁有多少給對方「好處」的實力，再遞出「橄欖枝」，用時間吸引「對的人」出現！

為了避免給人「汲汲營營」的野心曝露之憾！
我想給「經營」下一個個人定義：
「社團人脈發展靠經營」，「經營」仰賴的是：

1.「了解」→成員主要來自何方？
→社團內意見領袖為何許人？
→社團內有誰較活潑、熱心、有人緣？
→社團內有誰是和我一樣工作背景？（例：保險業務）
→社團運作模式為何？有何聯誼活動？
→社團內有無壁壘分明的小團體？
→我該如何避免誤踩他人的地雷區？

2.「定位」→先釐定自己在社團未來可能角色扮演為何？
→懂得融入團體，先要成為多數意見的「跟隨者」！
→「先參與」不求突出；「先傾聽」不主動表示意見！
→「隨和」但不「隨便」；「和群」但有「主見」。
→ 避開爭議話題、避談個人隱私、避聊小道八卦。
→不依個人好惡看人，寧少一朋友，別多一敵人。
→抱持「學習」心態；抱持「交友向上」的正面期待！
→等待「個人觀感定位」成熟，再逐步散發光和熱！

3.「付出」→懂得給別人掌聲喝采；懂得榮耀共享謙虛不居功！
→懂得為別人創造價值，「抬轎」是雙贏互利的「贏家」特質！
→懂得留給對方顏面的台階，寬容大度，終以德服人！
→懂得「吃小虧」歡喜不計較，我們贏得更重要的「人格」！
→懂得欣賞對方優點，成就優越感，造就知音共鳴！
→懂得「聆聽」是內心紓壓師，「知己」將是對方賦予我們的責任！
→懂得讚美「酒飲微醺處，花看半開時」，最佳意境而不逢迎！

「了解、定位、付出」是團體中突顯個人價值及好感度的最佳模式，循序漸進，不急功近利。乍看「了解、定位、付出」全是自我犧牲奉獻，其實是「人格」的自我展現。

團體中最耀眼者是「品格中人」，次之為「能力中人」，「品格者得敬；能力者招嫉」，團體本是四海九流之匯，恪守「品格先行，能力後陳」是最佳生存之道。

★祕笈 47★客源開發（一）客源哪裡來？

客源哪裡來？主要四大開發來源

緣故市場～緣故銷售→最容易成交市場

→緣故對象：親戚、朋友、鄰居、同學、同梯、過往同事、同好、同黨……

→你能夠喊出名字，對方也能喊出你名字的人，依「喬・吉拉德 250 定律」，每個人都有 250 個熟悉名單，並且可持續擴大延伸。

→這是最容易「被成交」對象，省去「取得信任」階段 40% 開發時間，成交快速，但重點要 1.「主動開口」，2.「轉移尷尬情愫」。

緣故成交率要介於 1/5 ～ 1/3 才算合理，超過 1/3 算高標。

→緣故行銷二化開發流程：

@ 精準化 = 分析名單→確定對象→正確訴求→有效溝通→提升成交

@ 極大化 = 列名單→攤開名單→挖深名單→新血名單→轉介名單

陌生市場～純陌生人脈 + 機緣人脈→最大人脈開發市場

純陌生人對象：路人甲、乙、丙、丁，喜歡的、看順眼的都行

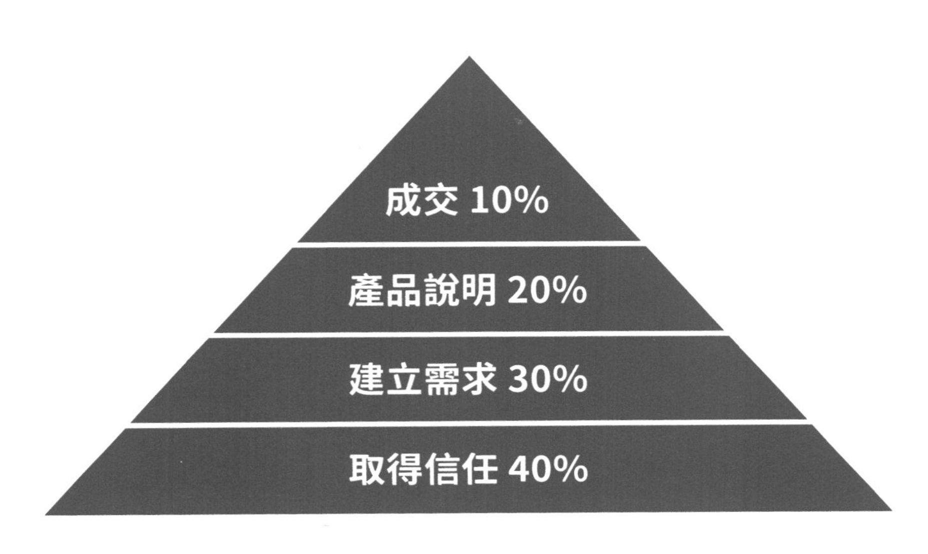
成交 10%
產品說明 20%
建立需求 30%
取得信任 40%

成功銷售配置圖

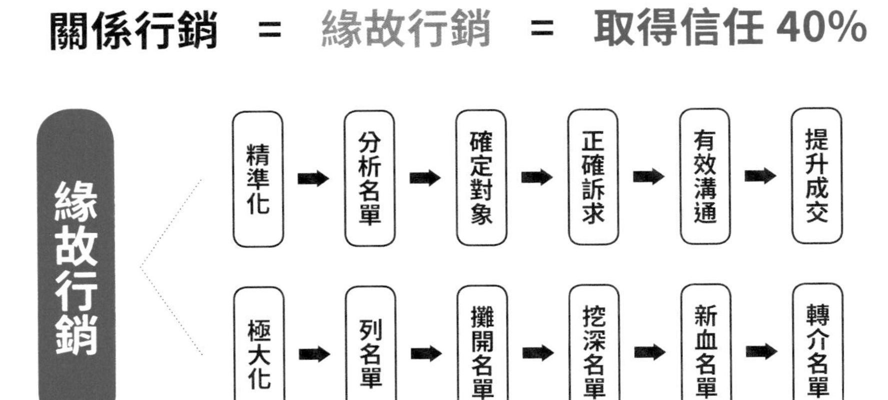
關係行銷 = 緣故行銷 = 取得信任 40%
緣故行銷
精準化
分析名單
確定對象
正確訴求
有效溝通
提升成交
極大化
列名單
攤開名單
挖深名單
新血名單
轉介名單

機緣人脈：「機緣人脈」是我經營人脈市場的模式，經營的對象是最貼近我們的陌生人，所謂「機緣」：有機會緣會和我們相遇之人。

機緣對象：1. 似熟非熟者，2. 還未相識者

食：你與食相關的所有人：如小吃店、飯館、市場攤販、有緣共桌者……

衣：你與衣相關的所有人：如服飾店、百貨員、洗衣店……

住：你與住相關的所有人：如房仲、房東、房客、旅館……

行：你與行相關的所有人：如自行車店、車友、汽車業務、公車鄰座……

育：你與育相關的所有人：如小孩老師、同學家長、補習班老師……

樂：你與樂相關的所有人：如桌遊、游泳、溜冰、自行車、慢跑等社團

轉介人脈市場～緣故轉介市場→新緣故市場→最有效率的市場

→新緣故市場：多由現有緣故（含客戶）等中間人的自我篩選過濾，轉介而出，已非全然陌生關係

轉介對象：以緣故為基礎 250 人 x 2 人（轉介人數）=500 人（可開發對象）

→若以成交率 1/5 計算，可成交數 100 人（標準成交客戶數）

→轉介紹重在人脈經營，好人緣是關鍵。

→轉介紹對現有客戶而言，滿意的售後服務決定一切。

→再好的朋友、再好的客戶，也要懂得主動開口「要求」。

→願意介紹，表示相當「信任」你，請善待轉介出來的朋友。

→朋友、客戶的轉介紹是「被動」，主動營造轉介環境是我們的責任。

職域人脈市場～連鎖人脈→你是要釣魚還是網魚

→熟絡該職域生態、工作屬性需求是關鍵，最好是你服務過的業種，更甚之，你過去服務的單位、職場更佳。

→工作屬性相同，需求就會接近，一個口碑可能創造一連串客戶。譬如：彈性絲襪 vs 空姐

→職域對象：依產品屬性開發

店面～通常老闆娘是切入口
市場～攤商～現金流最強者，尤其批發商
學校～保守型客戶市場，只要成交一位客戶就有破口
機關～一般可以自由進出的庶務洽公單位都是好場所
公司～允許演講、示範、試吃、擺攤的公司單位
社團～進出最方便的團體組織，選擇性高，最好突顯專長

人脈發展在於耕耘經營，從事銷售工作者，首要懂得曝光，曝光你的個人特質、專長、服務，而不是曝光你的產品、你的銷售目的，人脈經營貴在交友，喜歡「我們」是關鍵。

如以緣故人脈250人做基礎發展，延伸新緣故人脈（轉介紹），偶爾和路人發展機緣（陌生市場），再加上拜訪自己熟悉的公司行號（職域市場），你將忙碌得不得了，如此努力一番，二～三年達成400～600的成交客戶，是可達成目標，不是奢想。

★ 祕笈 48 ★ 客源開發（二）客源開發途徑與作用

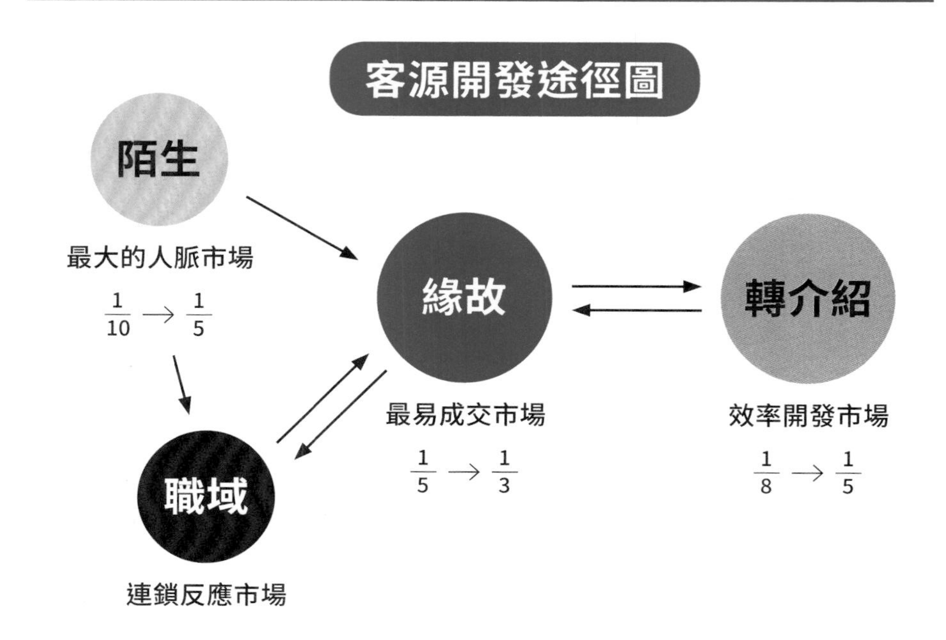

將人脈轉為錢脈的三大途徑

緣故

我們能夠喊出對方名字而且對方也能夠喊出我們名字的人，都是緣故對象。我們可稱為「最容易成交的市場」

轉介紹

轉介紹是透過緣故（未必已成交）作為媒介的客源拓展模式。我們可稱為「緣故倍增市場」也可說是「效率開發市場」

陌生開發

開發百分六十的全然陌生感性客戶，陌生開發沒有邊際，我們可稱為「最大的客源開發市場」

將人脈轉為錢脈的三大途徑

客戶開發主要有四大來源市場，我們必須給市場更明確的開發定位及設定開發效率值，才不至於浪費時間效益，銷售徒勞無功之憾！

一、緣故市場

緣故市場→既有人脈→最容易成交的市場

緣故對象本就是你所認識的人，照常理我們免去自我介紹、寒暄、問候、彼此客套相識過程，對我們也有一定的了解與認識，省去銷售循環階段的開門首要的「取得信任階段」，成交效率值當然相對提高。

我們依產品的適用性、價值、價格、需求性等綜觀評估，而有成交的比例值作為銷售行為優劣評比判斷：

1/3 ～緣故成交值達到 1/3，也就是你的人際關係相處有一定的水平，至少你應該是受歡迎之人，如果更甚 1/3，那就表示你是天生領導魅力，親朋好友也常依你的意見為依歸。

1/5 ～緣故成交值若僅有 1/5，這是做人是否被人接受的最後防線，低於 1/5 更要思考過去是否疏於親友互動，重新修補；或是銷售過程摻有瑕疵遺漏之因素，得趕緊改正補漏。

二、轉介紹市場

轉介紹市場→新緣故人脈→最有效率的開發市場

轉介紹對象一定是從現有既定緣故人脈所專介紹衍生出的客源對象，透過緣故中間人的自我篩選過濾，並且將我們向對方做過介紹說明，所以我們把轉介紹市場的對象群稱之「新緣故人脈」，也是最有效率的開發市場。

同樣的依產品的適用性、價值、價格、需求性等綜觀評估，而有成交的比例值作為銷售行為優劣評比判斷如下：

1/5 ～新緣故人脈成交值達到 1/5，表示你的緣故介紹人（群）有認真介入幫忙，甚至關心你成交與否。達成 1/5 以上，證明你個人魅力十足。此階段若無需求成交，請以交友為目的，將來有需求再以「緣故人脈」成交。

1/8 ～新緣故人脈成交值若僅有 1/8，表示處於危險邊緣，表示轉介力道不足，認同不夠或個人銷售出現瑕疵。建議先考慮交友，擴大朋友群。

三、陌生市場

陌生市場→機會（新生）人脈→最大的人脈開發市場

陌生市場的陌生對象，聽起來似近又遙遠，其實廣義的陌生人可能和我們這輩子連擦身而過的機會都沒發生過，但狹義來解釋，可能有很多陌生人已經在我們周遭出現過，而且可能已經不經意的發生過關係（譬如坐公車時你們比鄰而坐、常在辦公司附近麵店吃飯時碰到陌生的熟面孔……），這就是狹義的陌生關係。

只是我們可能還不懂「他」可能就是老天爺給我們安排的「機會點」，這就是陌生市場，我這樣解釋，你會不會覺得陌生市場可愛多了呢？
同樣的依產品的適用性、價值、價格、需求性等綜觀評估，而有成交的比例值作為銷售行為優劣評比判斷如下：

1/5 ～陌生轉緣故成交值達到 1/5，表示你是懂得掌握陌生機緣的人，也是懂得放線釣魚的人，成交靠時間累積交情，陌生空間沒有轉化前，難有成交機會，至少要達到基礎緣故信任關係。

1/10 ～陌生轉緣故成交值達到 1/10，是最基礎達成目標，否則以緣故、轉介為對象市場即可，保留時間價值。

四、職域市場

職域市場→連鎖人脈→連鎖人脈開發市場

職域市場的開發就好比直接到魚池裡去釣魚，更有能力者去網魚。熟絡該職域生態、工作屬性需求是關鍵。職域開發有一個特性，同事的交流分享力強，會有連鎖相牽的效應。

通常是你過去服務過的產業為首選。現有客戶的職場，開放性的職場，產品需求明顯的對象職場單位等。

職域開發的模式較多元：
1. 開發轉介力中心，也就是該職域有熟人可以穿針引線。
2. 直接申請到職域單位舉辦產品說明、體驗、示範。
3. 公家單位、福委會申請擺攤。
4. 職域外圍做特定屬性需求廣告。
5. 鎖定自己所在地附近單位、職域做人際深耕。
職域開發要成功，轉介力人脈的培養是絕對關鍵。

客源開發途徑，是幫銷售人找到有效的開發途徑，我們**依產品的適用性、價值、價格、需求性等綜觀評估，而有成交的比例值作為銷售行為優劣評比判斷做其開發效能依據；以時間效率判斷市場可行性。**

不過，依其過往實際經驗綜合分析，不管客源來自何處，**成交最大因素來自需求明確後的「取得信任階段」**，也就是他必須「相信你、信任你」的緣故成交概念，所以，開發任何客源是在培養客源池，魚沒長大別急著釣撈，心急吃不了嫩豆腐，時間養客，你不怕沒有客源。

★祕笈 49★客源開發（三）緣故開發市場

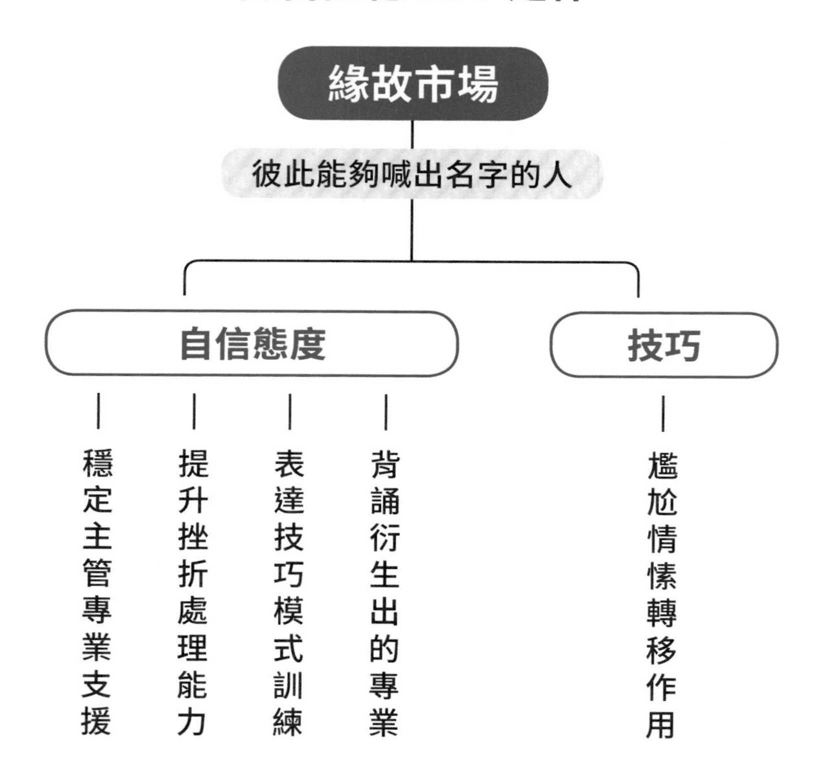

緣故～彼此能夠喊出名字的人

誰是緣故市場開發對象？（人脈檢視）

緣故市場要做大、做寬，最主要的方法是不可主觀設限，把「能喊出名字而對方也能喊出我們名字的人」都找出來，據「喬吉拉德定律」統計，200 ～ 250 人是每人可列出名單的平均值。

名單蒐集來源：（如圖示）

攤開名單 → 挖深名單 → 新血名單 → 區塊劃分

1. 攤開現有名單

- 電話簿
- 名片簿
- 社團名冊
- 同學通訊錄
- 親友通訊錄
- 會員通訊錄
- 社區名冊
- 畢業紀念冊

2. 聯想擴大名單 → 挖深名單

- 父族
- 母族
- 姻親
- 同事
- 同學
- 長輩
- 晚輩
- 平輩
- 朋友
- 同好
- 鄰居
- 客戶
- 教友
- 黨友
- 病友

3. 新血名單 → 陌生緣故化

- 食
- 衣
- 住
- 行
- 育
- 樂
- 美

4. 彙總填入「區塊法」

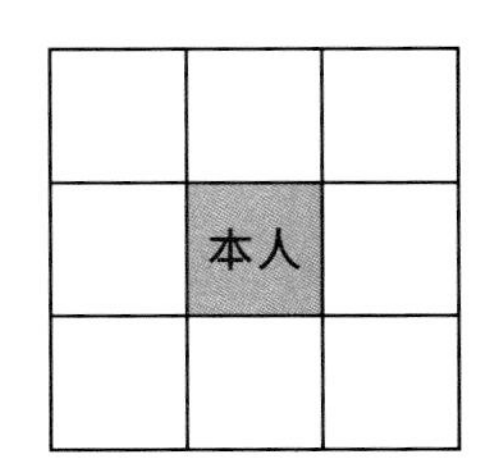

名單思維法：（如圖示）

→井字法：例：中格（國小同學）延伸同學名

→五同法：同宗、同學、同好、同事……

緣故名單思維法

1. 井字法

	我	

例：中格（國小同學）
延伸同學名

2. 五同法

同宗、同學、同鄉、
同事、同好

緣故 200 人

由近而遠、由親而疏
↓
完成五波快速啟動模式
（三個月內）

緣故銷售技巧→轉移「尷尬情愫」
如何縮短緣故開發的猶豫情緒，並在最短時間創造產值？
如果我們認同產品、如果我們深信產品會為他帶來利益；如果我們闡述產品需求明顯，親朋好友也認為有所需求，屆時如果不相挺，「尷尬情愫」反而成為他們的壓力，你倒可以輕鬆面對他們的「抉擇」！

無論結果如何，也別忘了感謝他們給我們的訓練機會！最重要的，也讓他們知道我們現正從事什麼產品銷售，真有該產品需求時，不該也不能忽略我們的存在！這也是我們圈劃地盤的積極作為。

緣故開發話術示範
◎轉移「尷尬情愫」面訪話術示範
淑媛，今天來找您，其實是鼓起很大勇氣，我蠻怕造成您的誤解，但不親自來找您，又怕自己不夠朋友，所以無論如何也一定要和您分享這麼好的產品。淑媛，我這麼直接，不曉得會不會造成淑媛您的壓力啊？淑媛！（不會啦！）那我就放心了啦！

對了！淑媛，我告訴您喔！您看這半年來我的臉上的斑點改善了許多！最重要的是小寶的過敏性鼻炎也不曾再犯，而且都用不著像過去冬天一、二星期就得到醫院拿藥。不瞞您說，其實剛開始我也抱持懷疑的態度，可是沒想到半年下來，讓我喜歡這些產品。淑媛，這個產品對您臉上的雀斑很有效果！
您要不要拿去用用看！（停頓）啊！對不起，我今天不是要來推銷的，需不需要絕對是您的權利，否則我就沒勇氣來找您了，您說是嗎？

◎轉移「尷尬情愫」緣故書信（信息）開發範例

光華您好：

當我寫（傳）這封信給您時，真的是鼓足了最大的勇氣。和您相識數十年，頭一遭寫信給您，想想還真有些彆扭，也深怕到頭來寫得不知所云，但我還是要寫，因您是我深知的朋友。我不願面對尷尬的請求，但求筆墨傳達永堯對您深切的企望！

投入這份工作，我深思熟慮了許久，我自忖足以勝任這份頗具挑戰性的工作，但也清楚明白艱難挫折將接踵而至，我無畏無懼，矢志克服學習成長應完成的課業。因我相信我會做到，自信是我挑戰行銷的最大本錢，惟外在的精神糧食，更是我磨合期的最大潤滑。我雖非孤立無援，也明白可遇不可求，但您卻是我最在乎的朋友！

無欲給您壓力，無欲添增予您負擔，只願未來的成功道路依舊有您相伴，也許是需求下的購買，也許是協助我演練的機會，也許是積極的轉介，也許……也許我過分了點，無論您任何回應，您依舊是我最感恩的朋友，畢竟您已經讓我完成這封不敢寫出的信，是嗎？

敬祝

平安快樂

永堯　敬筆

背誦衍生的專業：

銷售專家都是從背誦學起，一個新的銷售工作者要從一個簡單的產品話術（自己的使用心得），轉化成慣性的口語詮釋，而這樣做的用意有二種作用：

1. 為避免親朋好友扯後腿，銷售對一般人印象是不容易成功做到的，雖然他們沒有接觸過，或有著沒有方法而跌倒的銷售工作經驗，不鼓勵、不希望，變成他們的忠告，我們當然相信這是疼惜，這是呵護。

但試想，如果他知道我們才剛工作二個星期，卻可以如此真情流利表達，他或許會認為我們也許真的有這方面的天分，吐槽、扯後腿就保守許多，如果交情夠，捧場也變理所當然。

2. 為陌生人看你如此流利，自然減輕對我們專業的質疑。

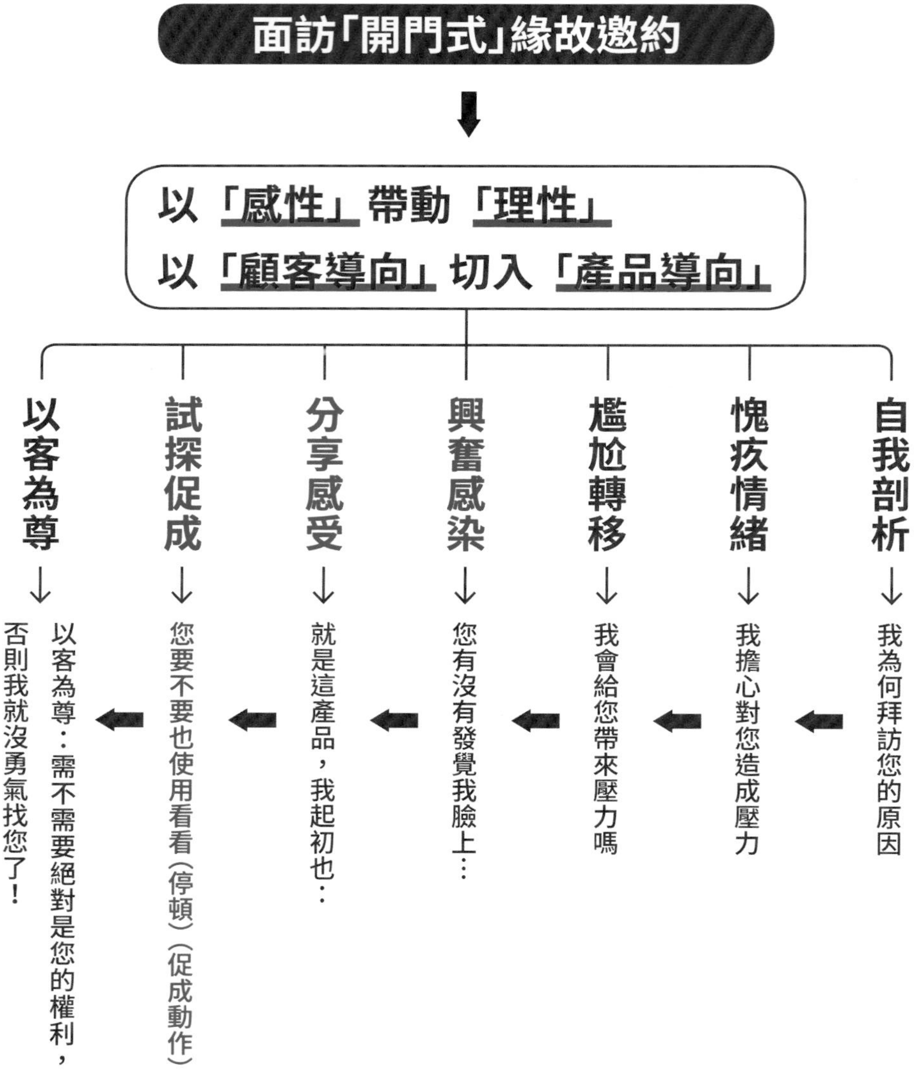

面訪「開門式」緣故邀約

以「感性」帶動「理性」
以「顧客導向」切入「產品導向」

自我剖析 → 我為何拜訪您的原因

愧疚情緒 → 我擔心對您造成壓力

尷尬轉移 → 我會給您帶來壓力嗎

興奮感染 → 您有沒有發覺我臉上…

分享感受 → 就是這產品，我起初也…

試探促成 → 您要不要也使用看看（停頓）（促成動作）

以客為尊 → 以客為尊：需不需要絕對是您的權利，否則我就沒勇氣找您了！

緣故市場是銷售最重要，也是最主要的成交市場，絕對不能自做清高，把「它」摒除在外。我必須說，「轉介紹」也需要靠緣故推薦介紹而來，就算是陌生客戶，也必需在「類緣故條件」下才能完成交易。所以，緣故是銷售客源的一切根本。

★ 祕笈 50 ★ 客源開發（四）陌生開發（技巧 & 話術）

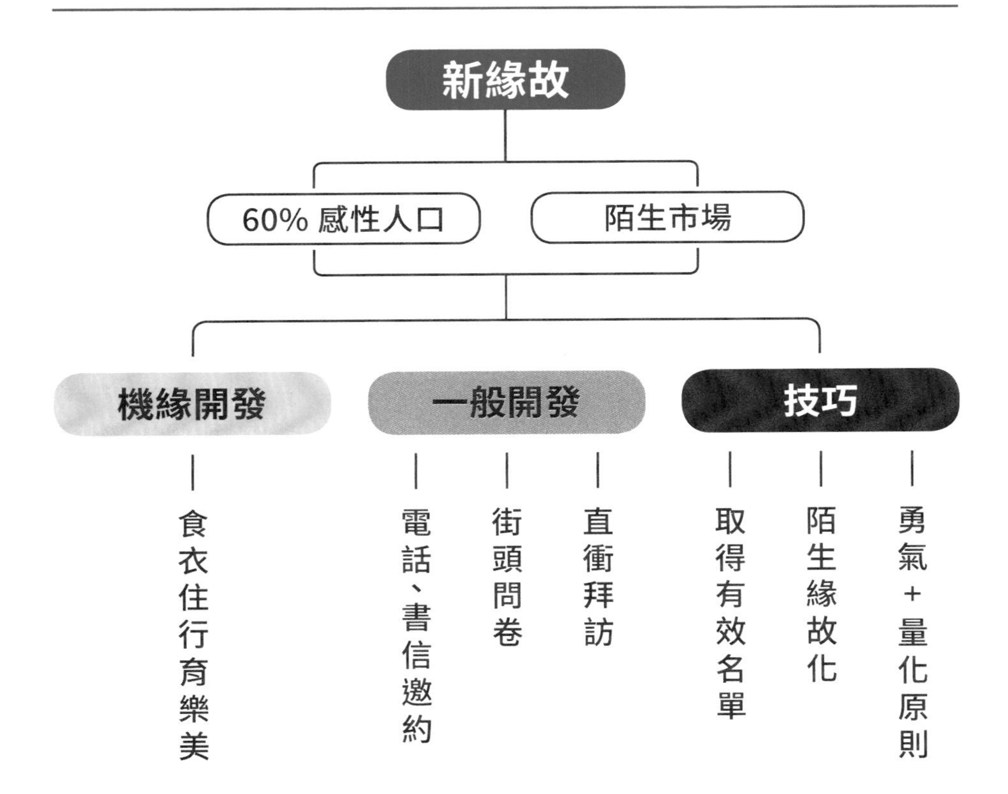

陌生～新緣故市場～ 60% 感性人口

陌生電話開發
電話是陌生成交路線大量篩選過濾的最佳工具，使用上也最為頻繁，在陌生開發路線上，電話也是可以多加利用的工具。

我們的**重點不是如何在線上成交，而是如何在線上篩選過濾出優質的拜訪對象（感性客戶族群），達成邀約或拜訪的任務。**

陌生電話開發拒絕率頗高，如果你沒有健康的心理建設、如果你沒有熟練話術及口吻、如果你沒有打算不論成敗撥足一百通（含對方直接掛電話約 300 通），我勸你不要貿然採取行動，否則百分百「無采工」，白忙一場。

陌生多元開發示範

以下的話術不妨試著結合你的業種與產品，將重點的話術結構多加練習，曾經用過這樣話術的成熟學員，撥一百通（含對方直接掛電話約 300 通）可以邀約拜訪的人數約 2～3 人，更勝者約為 5～6 人，這樣的成果算是甜美的，唯過程中挫折與堅持的天人交戰，是沒有歷練過程的人所無法體會感受。

【陌生電話開發話術】

小姐您好，可以耽誤您 2 分鐘的時間嗎？

（不可停頓，否則必死無疑）只要 2 分鐘就好，是這樣的，我是 ××× 公司，敝姓 ×，個人從事的是顧客諮詢及市場服務的工作，所以，希望得到您的協助，請教您幾個簡單的問題。

· (1) 不曉得⋯⋯

· (2) 不知道我們是否有這個機會呢？

· (3) 不知道會不會耽誤到您呢？

· (4) 可以嗎？

(1 ～ 4 點為祈使問句，句子後端尾音上揚)

依公司產品屬性，設計三到五個問題

1⋯⋯

2⋯⋯

3⋯⋯

（1 找尋溝通點，2 找會閒聊對象）

很高興能與劉小姐聊得這麼開心，哦！對了！劉小姐，永堯有這樣的機會直接拜訪您嗎？（停頓 3 秒）（若沒回應）

還是我先寄資料給您參考！再聯絡您！

地址是？（您的 Line 是⋯⋯）

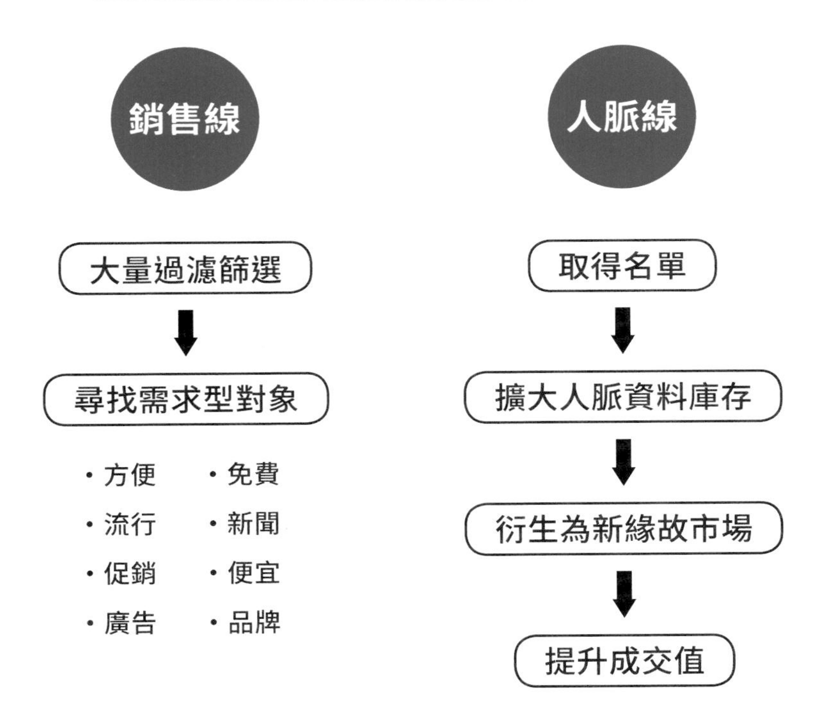

直衝式陌生開發

從事陌生開發的工作，就必須有健康的心理建設，拒絕乃是家常便飯，理所當然爾，再一次告訴你自己，「我只是在找尋 60% 的感性族群」、「理性族群本來就不是我的開發對象」、「我在累積我的有效名單」、「我是天生的社會型演員」，先確定可能的開發方式，想選擇的對象，設定的年齡層……

研擬出一套習慣適用的 3 到 5 分鐘溝通話術，把「它」當成演員手中的劇本台詞，也許在一般人眼中覺得有點誇張，甚至於是天方夜譚，或直接把我們當成瘋子，我們都該不為所動的，試著演好人生真實的行銷戲碼。

【直衝陌生開發話術】範例

套陳話術作用

· 小姐您好，只耽誤您 1 分鐘時間，我是 ××× 公司孫永堯（遞名片）， 我將在您同意後的 1 分鐘後，提供您二個創造健康（財富）訊息。當然您可以選擇接受或拒絕，但請給我 1 分鐘說明的時間好嗎？（遞上資料或產品）

（這句話術是利用防止拒絕的套陳作用法，讓對方在短暫快速的陳述中，找不到拒絕的時間點）

問路轉移作用

· 小姐！不好意思，火車站怎麼走？謝謝您！哦！對了，我可以請您再幫個忙嗎？我正在接受課程訓練，必須面對五位陌生人作 1 分鐘「自我介紹」，並請您為我評分，其實我很緊張，希望小姐能協助我好嗎？只要 1 分鐘！

（這句話術是利用正常問路的方式，讓對方在不覺突兀下，轉移至幫忙的請求，並表現生疏、害怕、不好意思的感覺給對方，讓對方不至於有壓力）

訓練協助作用

· 先生您好？可以請您幫忙嗎？我們正在接受膽識訓練，必須在半個小時之內交換五張名片，一看就知道您會幫助別人，不曉得先生願意給我這樣的機會嗎？

（這句話術是希望藉由受訓藉口尋求協助，讓對方在得以助人的角色扮演中不覺過於突兀）

搭車協助作用

· 小姐，不好意思，請問 SOGO 還有幾站下車？（三站）謝謝您，我很少搭公車所以有點土。哦！對了，這是我的名片，敝姓孫，敢問小姐貴姓，能請教一張名片嗎？（我沒有名片）哦！我剛好有空白的名片，那您寫這就好了。謝謝您，希望下次有機會拜訪您。再見了，許小姐。

（這句話術真的要有些演員功力了，在短暫的時間，讓對方不知如何是好）

半路認親戚作用

· 唉！表哥是您嗎？我是永堯，什麼時間來台北，我怎麼都不知道。
（我不是）哦！對不起，您跟我表哥真的很像，真不好意思，我姓孫（遞名片），長得這麼像也算是有緣，能和您請教張名片，與您認識嗎？
（我沒帶）那剛好我這有空白名片，您就寫這吧！謝謝您，下次有機會再拜訪您囉！表哥！
（這段話術叫做半路認親戚，你必須主導氣氛，讓對方有點不知所以然）

再訪與跟進

「陌生開發並不難，難在如何再度拜訪？」

這是許多突破陌生開發的行銷人在陌生市場普遍性的第二個問題，如何在取得名單後再訪，或是銷售跟進才是真正的難題。其實再訪的過程越不正式、越不刻意最好（尤其是第二次造訪，防衛心最重）。

而且我們的目的盡可能放在多幾次見面的心態，其次是再訪的電話溝通時，我們不能給對方太多的思考空間，而且說話越簡短越好，並且多利用語態技巧，讓對方拒絕力間接降低。以下是話術例句示範：

【再訪與跟進拜訪話術】

· (1) 王先生，我是孫永堯，我就在您家附近耶！半個小時後，我這裡就會結束，之後想到王大哥府上拜訪，怕打擾了，所以打個電話，不曉得歡迎嗎？
（我就在您家附近耶！半個小時後……）這句話讓他無法以不在家為藉口。（不曉得歡迎嗎？）這句話是很難回應拒絕，不給對方二擇一否定的選項。

· (2) 劉小姐，我是孫永堯，我就在您家附近，剛到客戶家做完服務，想順道拜訪劉小姐，現在正在前往您家的路上，沒事先聯絡您，怕打擾到您，不曉得會不會造成您的困擾呢？

· (3) 劉小姐，我是孫永堯，您的地址是不是……我現在在大東路二段一家 7-11 門口，我該怎麼走呢？哦，對了，我只是順道送一些資料（試用品）過來，只耽誤您一下子的時間，我車子停哪方便呢？

【問卷調查行銷】

重點：蒐集名單

問卷形態：

固定：攤位作業（集體）、（動態展示）、（活動吸引）、（成本較高）

不固定：機動作業（個人）、（重態度技巧）、（成本較低）

問卷對象：

年齡、性別、職業、族群、明確商品需求者⋯⋯

接近方式：

1. 利益式接近問卷：以贈品誘導問卷調查，這樣的問卷方式，是問卷調查最普及的方式，相信做父母的更是不陌生，在動物園或遊樂場門口，常常有人以氣球玩具為餌，吸引小孩的目光，藉以換取問卷情蒐。

2. 詢問式接近問卷：以問路後直接請求問卷調查。

3. 產品式接近問卷：產品有實證性，展示後直接詢問。

4. 震撼式接近問卷：如前述 1 分鐘鈴聲發名片方式。

問卷地點：室外商圈、室內賣場、車站、學校、公園、住宅區、公教區⋯⋯

【書信行銷範例】

陌生開發書信

劉小姐您好：

寫這封信是感謝您大方給予敏惠陌生拜訪之機會，短暫交敘，感受得到您對人生的認真投入，很高興認識您，先祝福您人生順風啟航、收穫滿載。

我服務於傳銷健康事業多年，我一直深信「傳銷事業要成功，人際關係要用功」，從對陌生人開拓勇氣就能看出未來事業成就之端倪。我期待運用陌生隨緣拜訪，直接尋訪掉落凡間的精靈，原因無他，一個內心願意善待陌生拜訪之人，一個願意不排斥給別人機會之人，內心隨時抱持善緣的人，他們沒有矯情，他們不懂做作，只要有方法，在真誠「做人做事」的傳銷事業裡，成功指日可待。而我們正期待如同您之優質夥伴的生力軍。

也許我過於直接，也許讓您惶恐，也許您認為不可思議，居然有人傳銷如此招募增員。只因為我相信緣分，畢竟我也是在偶然機緣下接觸這份事業，從兼職而慢慢的成就這份事業，更何況現今資訊發達的時代，傳銷不再是什麼神祕產業，也獲得無數社會頂尖菁英們（醫師、會計師、老師、演藝人員等）的肯定與加入，我想聰明如您，我不該拐彎抹角，所以我選擇坦然直率。

劉小姐是我期許的事業夥伴，但我無法勉強，了解一份事業，一份可能的兼職起點，就可能為自己找到機會，即便興趣缺缺，就視為增廣見聞，期許現在開始，您能思考這緣分造就下的可能吧？無論是否真能如我期待，我依舊期待能成為朋友，我都會祝福您！如果您覺得我應該值得您的信賴，不妨主動給我電話，不管您準備做什麼決定，好嗎？

敬祝

平安順心

××事業

謝敏惠敬筆

行動電話：0927××××××

企業主開發（陌生）

王董事長　容稟：

猛然提筆，冒昧有餘，一股忐忑傻勁敘情，明知您貴為聞人，日理萬機，但「要做思想的巨人，首要於能否擺脫行動的侏儒」，這就是促使晚輩貿然寫信予您的動力，明知不可為又失禮數，尚請　董事長見諒！此函若真能登　董事長風雅之堂，得以　董事長過目，實為晚輩有幸！

若真是無緣得以　董事長過目或石沉大海，

晚輩也當甘之如飴，了然無愧於心！

我，王大偉，屬職「××VIP 休閒渡假集團」專屬頂級貴賓市場服務諮詢，職掌專屬頂級貴賓國內外休閒、度假、打球、會議等住宿餐飲管理安排服務，而今更在董事長劉光華先生的指派下，成為王董事長專屬聯絡服務人員，期許有為　董事長效勞之機會。晚輩大偉才疏學淺，惶恐力有未逮，祈願此函能獲先生指點迷津之緣！

「××VIP 休閒渡假集團」為負責人劉光華董事長創辦，劉董事長戮力旅遊服務多年，抱持著取之於社會、用之於社會的回饋期盼，能為旅遊休閒產業多元服務更盡一分心力，將服務擴及每一位消費者，提供旅遊動態資訊（知識）服務平台。讓消費者在公開透明的服務網路平台，尋求旅遊需求。而專屬 VIP 貴賓服務於日前正式起步，雖為襁褓之初，但業界領導人的熱情支持，讓我們無後顧之憂，更能用心深耕廣披。

書寫此函，大偉期待有緣為　董事長及執行經理人簡報「××VIP 休閒渡假集團」服務區塊，期許緣起此信，努力以赴。深知此信突兀再次行歉，展以拙筆，只待請益之機為盼！

謹此

敬祝

　　商祺

　　　　　　　　晚輩

　　　　　　　　　王大偉　敬筆

機緣人脈開發對象～隨緣市場→取得名片（單）

食～你未來可以接觸的飯館老闆、小吃店老闆、賣早點的、賣宵夜的、賣冰的、賣魯味的、賣豆花的；市場裡賣青菜的、賣水果的、賣雞鴨魚肉的、賣鍋碗瓢盆的、喜宴與你同桌的人……

衣～你未來可以接觸的服裝店老闆、賣內衣的老闆、賣襪子的、賣鞋子的、賣童裝的、賣帽子的、賣西裝的、賣襯衫領帶的、賣泳衣的、賣飾品的、還有百貨專櫃小姐……

住～你未來可以接觸的旅館飯店接待人員、賣你房子的人、買你房子的人、租你房子的人、裝潢房子的人、傢俱店老板、家電行老板、水電行老板、房屋仲介……

行～你未來可以接觸的鄰近車行、賣你車子的人、買你車子的人或完全陌生卻跟你有緣的人，如搭公車、捷運、高鐵坐你旁邊的人、搭飛機鄰座的人、搭郵輪認識的人……

育～你未來可以接觸的與教育相關的所有人：如小孩老師、同學家長、補習班老師……

樂～你未來可以接觸與樂相關的所有人：如桌遊、游泳、溜冰、自行車、慢跑等社團……

★祕笈 51★客源開發（五）轉介紹市場開發

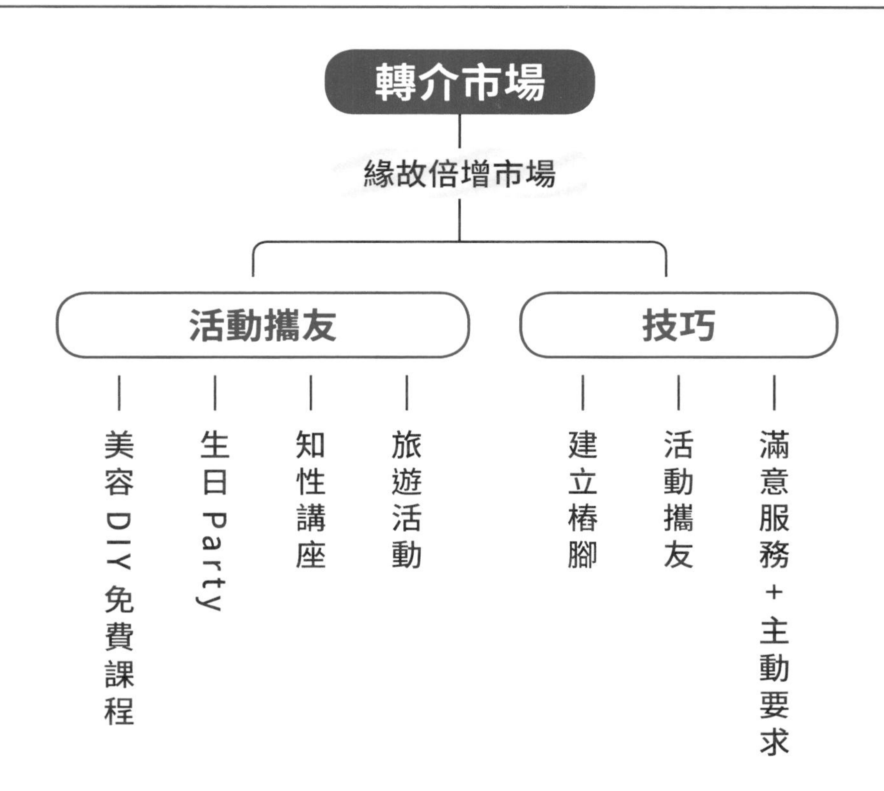

「轉介紹市場」→「緣故倍增市場」

客戶開發是需要努力、盡力，但聰明的人更懂得開發客源的關鍵，其實是「借力」。所謂「借力」就是你擁有多少客戶轉介紹的能力。

轉介紹市場又稱爲「緣故倍增市場」，也稱為「效率開發市場」，簡言之，轉介紹客戶來自現有親朋、客戶轉介紹而來，而且緣故轉介紹既省時又省力，成本低廉，成交率又高，深受大多銷售人員所愛的拓展客源的選項之一。

「一個客戶　一個世界」

「成交」是取得長期服務與客戶延伸的開始，「一個客戶成交，就可能衍生一個人脈集團」、「一個客戶，就可能是一個世界」，保有一個舊客戶只需要花費開發新客戶「五分之一」的力氣，然而，許多行銷人員最大的問題卻在於客戶流失率太高，平白流失轉介力，究其因，大多是服務斷續或服務品質下降所造成。

「轉介紹」的成敗取決「售後服務」

「轉介紹」一直是業務銷售工作者成功的必要途徑，更是人脈延展的核心價值。唯有透過滿意的售後服務創造滿意客戶，甚至忠誠客戶進而創造回購率外，更重要是透過轉介力，有效延伸客戶人脈，這是擴大客源及提升成交率最快的捷徑。

培養影響力中心（椿腳）

影響力中心（椿腳）是客戶轉介紹的重要來源，建立一位影響力中心才是王道。常言道：「發展十個新顧客，不如抓牢一個老顧客！」抓牢一個老顧客，不如培養影響力中心（椿腳），而為了不讓培養影響力中心（椿腳）為難，我們要「自然打入他的朋友圈」，也就是要懂得「作局」，讓介紹人只要順水推舟，而不是強人所難！

自然打入他的朋友圈（作局）：

· 與客戶和他們的朋友一起吃飯；
· 與客戶和他們的朋友一起出遊；
· 邀請客戶和他們的朋友一起團購；
· 花心思為重要客戶舉辦生日宴會；
· 邀請客戶帶朋友參加你舉辦的講座……
· 邀請客戶帶朋友參加公益活動。

策略聯盟（椿腳）：轉介力中心

1. 哪些人手上有你需要的對象名單？

→保險業務、汽車業務、月子餐業務、房屋仲介、美容美髮業務、醫美業務、補習班老師……

2. 哪些店面每天有五十位以上客戶消費？

→早餐店、麵店、冰店、自助餐、雜貨店、麵包店、 髮廊……

3. 哪些店面可以陳列我們商品（DM）而不突兀？

→精品店、美容沙龍、診所、藥局、月子中心……

搜尋目標

轉介力中心	轉介力中心	課程銷售對象
椿腳一	椿腳二	小腿紓壓
每天接觸五十位客人以上的店家對象	手中擁有相當數量名單的對象	每天工作站立超過四小時以上者
早餐店老闆娘	保險業務員	專櫃小姐
美髮店老闆娘	房屋仲介	護理人員
自助餐老闆娘	汽車業務	老師
攤販老闆娘	證券業務	空姐
?	?	?

要求轉介紹是發生在**「滿意的服務」**和**「主動要求」**的兩個要件上
要求轉介紹成與否決定過去他對我們的**印象**和**好感度**
主動要求後……
客戶願意轉介紹的四個原因：

一、因為我們的專業讓對方信服 →理性客群
@ 專業 ≠ 專家→我們賣保健食品，只要有專業產品知識，自己食用產品的心得，我們不一定要有專業醫護藥理背景，而我們專業的表現，更能讓人稱服。

@ 滿足客戶的疑問→客戶的疑問必須當下處理，絕對不能含糊、省略、帶過，專業自信的回答能帶給客戶安全感，若真無法解答，也要給對方回應承諾～例：「您這個問題，我資料沒帶齊，我明天早上前會把相關資訊再傳送給您！您說好嗎？」

@ 產品得到好處 →提供正確產品需求而讓客戶感受到好處、改變、快樂、實用、滿足。

@ 售前說明叫「告知」，售後說明叫「解釋」
→將客戶使用產品過程中可能產生的問題、反應（譬如：保健食品的好轉反應、新車使用注意事項），提前告知說明代表「專業負責」，當客戶使用時出現疑義，再回答正常反應，會讓客戶有推諉解釋，產生售後不信任感。

二、因為我們的服務讓對方感動→感性客群
基本服務→客戶希望的服務→超出客戶期待的服務

三、因為轉介紹，可以讓對方得到想要的好處
@ 佣金報酬→本身從事業務性質工作者為大宗。
@ 互利原則→彼此客源互惠支援。

四、因為單純喜歡我們，想支持我們
和我們投緣的人、長輩照顧晚輩心理。

要求「轉介紹」的十大關鍵技巧

1. 展現最自然不過的態度，要求不要勉強；期望心創造期望態度語調難以騙人

2. 跟感性性格的人要求轉介→容易感動、拒絕力弱、喜歡助人

3. 跟一再讚美我們的對象順勢要求轉介

話術示範→謝謝劉小姐對我的稱讚，實在不敢當，哦！永堯有一個請求……不曉得永堯有沒有這個機會？

4. 當客戶稱讚我們的產品或服務

5. 認真將「轉介紹」當成一回事，融入跟客戶的互動中

話術示範→像我這樣不會說話的人，要不是許多客戶主動幫忙介紹，我也不可能有今天的成績！

6. 建構「轉介紹」的系統機制，創造源源不絕的名單

→思考「話術的結構」和「名單開發的方式」。

7. 延伸與擴展人脈，形成轉介紹圈

→思考「點、線、面」的人際拓展模式。

8. 平常播下種子（會不會難做？）

話術示範→會不會造成你的壓力呢？這樣要求會不會不禮貌呢？

9. 自然的讓對方知道轉介對我們的重要性

話術示範→其實我們這行，服務客戶對我們是非常重要的，想要成功沒有滿意客戶的轉介紹，機率幾乎是零！

10. 名單要精不要多，一次一到兩個就足夠

要求轉介參考術（如圖示）

要求轉介參考話術

肯定感謝

XX先生，謝謝您剛才對我服務的肯定……

產品服務效能

看到客戶透過我們的產品得到健康（肌膚、身材等）上的改善就是最讓我們開心的事情了……

轉折布局

像我做了兩年，目前大部分的客戶都是之前用產品用得很好，覺得我的服務還不錯的客戶所介紹的……

主動要求

對了，談到這點，我想請您幫個忙，不知道您周遭有沒有跟您一樣希望健康能夠有改善（產品需求）……如果有這樣的對象，可以介紹給我嗎？

保證服務

因為是您介紹的，我一定會給予特別好的服務，絕對不會讓您沒有面子的。

準確名單

您有沒有朋友是（條件一）+（條件二）……如果可以的話，您現在是否可以提供我一或二個名單，好嗎？

★祕笈 52★職域開拓

職域開拓～區塊佔有法

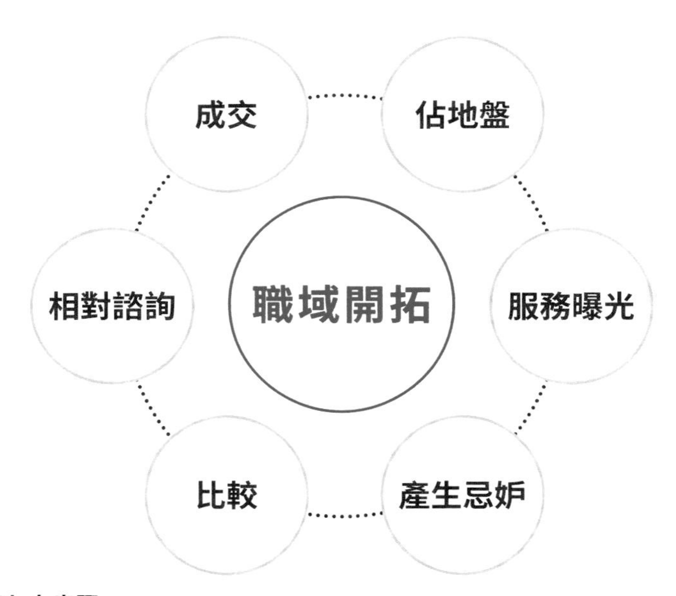

職域開拓七大步驟

職域市場主要是以工作單位、學校、機關及社團同好團體為開發對象，因工作屬性相同的所產生的產品共通訴求。

→職域對象：依產品屬性開發

店面～通常老闆娘是切入口

市場～攤商～現金流最強者，尤其批發商

學校～保守型客戶市場，只要成交一位客戶就有破口

機關～一般可以自由進出的庶務洽公單位都是好場所

公司～允許演講、示範、試吃、擺攤的公司單位

社團～進出最方便的團體組織，選擇性高，最好突顯專長

職域人脈市場～連鎖人脈→你是要釣魚還是網魚

→熟絡該職域生態、工作屬性需求是關鍵，最好是你服務過的業種，更甚之，你過去服

務的單位、職場更佳。

職域開發技巧：

1. 產品效能或服務曝光～

@ 把你銷售的產品專業展現在職域客戶面前

例如：→低 GI 營養餐盒特約專案試吃會
→女性客製調整內衣特約說明會
→職業婦女家庭小助手特約專案展示會

@ 把你銷售後的服務延續曝光

例如：→固定時間駐點服務（服務隨時都在）
如：產品維修退換貨、保險理賠繳費協助
→滿意服務～生日蛋糕、小禮物、問題即時處理

2. 讓未向我們購買的職場同仁內心產生比較或嫉妒～

→這是透過職場開發所展現出的滿意服務，獲得購買者的肯定與讚許。並且讓尚未購買者產生一些嫉妒之情，也讓之前購買別家類似產品的職場同仁，從內心做售後服務比較。

3. 相對諮詢～

你的專業能力或產品效能及滿意服務得到「職域」認同後，你就等同於專屬專業顧問，職域同仁個人諮詢度就會相對提高，有需求就有賣點出現～
例如：你協辦保險理賠專業簡單快速，有需求就會詢問你！
你斑點、皺紋、減重處理效果明顯，有需求者就會詢問你！

4. 成交～

職域的成交模式難在你是如何進入職場銷售，你該如何展現產品效能或服務的曝光！你又如何把你銷售後的服務延續曝光！當有單位同仁成交，效益就會連鎖性倍增擴大，職域市場開發是一個時間消耗戰，是「點、線、面」的標準銷售模式戰法。

5. 佔地盤～

平心而論，目前職域開發最強的是「保險業」，保險業的團體保險對業務員而言，就是一個佔（劃）地盤的概念，團體險雖然佣金不高，但卻可以職域服務之名，來去自如，而給了一個完全獨有的個人保單銷售空間。
其他業種，目前經營職域比例還是偏低，所以有很大的操作思考空間。
如果突破困境，那可能不是一筆生意，而是一網生意啊！

★祕笈 53★客戶轉介紹，一個客戶、一個世界

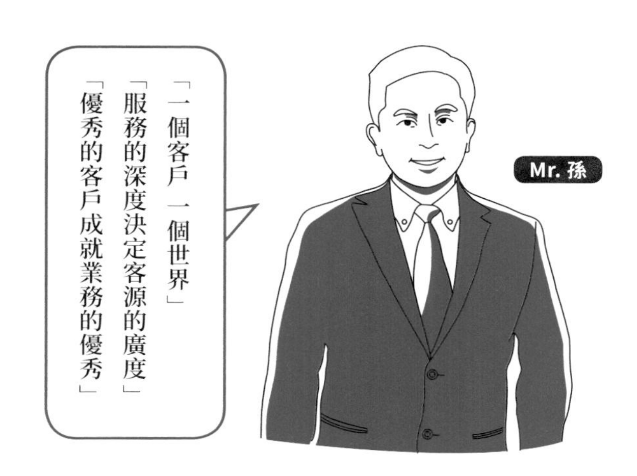

發展「同屬性」影響圈

一個有影響力的客人，就有可能為你帶來一個同樣屬性的影響圈，不管在什麼工作圈或生活圈，總有人天生具有影響力，具有無形的領導魅力，是群體中的意見領袖，讓人願意接近與跟隨！

而這樣的「大人物」，在很多工作團體單位都會有可能出現！如果你有機會認識這樣的人物，或本身就有這樣的對象朋友，一定要掌握這樣的緣分。

「貴人」、「大人物」其實一直在身邊

我記得我離開百貨公司樓管工作轉換保險業務工作時，我曾信誓旦旦的告訴自己，我絕對不經營親朋好友，我也不會回到百貨公司來賣保單，我只做陌生開發，可是沒想到這樣的願景，讓我第一個月業績掛蛋，第二個月只領 3000 多元薪資，眼看就快活不下去，只有厚著顏面想著回百貨找我過去帶過的櫃姐幫忙。

我過去負責的樓層共有百來櫃位，有位毛姊資歷最深也對我最好，我雖然是主管，但我當時年紀輕，很多時候公司下達的命令，都需要請她協調折衝，才能順利完成公司交辦任務，儼然是櫃姐中的大姊大，櫃姐中的精神、意見領袖。

「機會」要靠自己主動

記得我離開百貨時，毛姊曾對我說：「永堯！有空回來看看我們！我把你當自己弟弟看待，有需要毛姊幫忙，不要客氣！」

我一回到百貨見到毛姊，我還沒開口，她就從我惆悵的神情中找到我的來由，主動安慰我說：「遇到困難了是嗎？毛姊有什麼可以幫你的嗎？」

她接著說：「這陣子整個大樓有二個櫃姐得癌，一位已經過世了！一位沒投保還在治療，費用可怕！我們最近還在募款幫她們呢！」

又說：「永堯！我知道你在做保險！為姊妹們選一張相同的癌症保單，我幫你宣傳宣傳！」

「優秀的客戶成就業務的優秀」

就這樣我設計了一份示範的保單建議書，一個人約莫 4000 ～ 6000 元的保單費用，放在毛姊那，沒想到，三天後就簽回了十二張保單，而且許多是全家投保，一個月下來共簽回五十六張保單，業績額突破 70 萬，完全令我詫異驚心！就這樣我從一個原本以為即將崩潰瓦解的業務工作，躍升次月單位業績冠軍，受到公司表揚！我真的很感謝毛姊對我適時伸出援手，讓我起死回生，也找到開發經營的方向。

同樣的方式，同樣的「單位人物」，在我後續的保單客戶出現，公家機關、學校、私人公司、醫院等都出現集體保單，讓我的業務工作不再深愁客戶來源，也有不錯的業績水平。

「服務深度　決定客源廣度」

其實至今二十多年，我一直認為從事業務銷售工作，如果覺得自己不夠優秀，也不要就此打退堂鼓，只要我們有最真誠的態度，最認真的服務，找到願意疼惜我們、相挺我們的「客戶」（不！應該說「朋友」），一般般的我們，就有可能因為這麼多優秀「大人物」的相拱，而將我們推至優秀之列。

經營客戶要有長期服務的思維，出於真誠經營的「深度」，自然就會延伸「寬度」的回報，但內心若有目的性的「司馬昭之心」，也必適得其反。心無所求，福之將至是也。

★ 祕笈 54 ★ 客戶轉介紹，成為客戶生意上的「貴人」

創造對等相依關係

成為客戶生意上的「貴人」，替客戶做生意或推薦客戶生意，這就是一種對等且相互依賴的夥伴關係。

做生意的人相當重視「禮尚往來」的互惠精神，如果你的客戶本身經營生意，而且希望該客戶未來主動推薦新客戶給你，其中的祕訣就是你必須「創造對等相依關係」。

也就是你也成為他的客戶，或者是主動幫他推薦介紹新客戶，這比更優質的熱心服務更有轉介能力，所以要讓你的客戶願意幫你，你就得先主動幫忙客戶。

俗話說：「以客為尊」、「客戶永遠是對的，客戶是衣食父母」，如果我們也是客戶的客人，關係就自然複雜升等，就能有效摒除尊卑之感，轉而成為客戶生意上的「貴人」，不是嗎？讓你也成為對方的客戶，同時也盡可能幫他介紹客戶。

平等互惠，就沒有尊卑

譬如：我曾經幫我保險客戶（他是賣車的）一年介紹三個成功買車客戶，你覺得我對他的重要性？

譬如：我曾經每年固定向我保險客戶（水菓行老板）訂年節水果禮盒，並且發起團購，你覺得我對他的重要性？

譬如：我曾經經常性向我保險客戶（旅行社老板）揪團一年三次旅遊，並介紹我老板級客戶的公司旅遊，你覺得我對他的重要性？

換言之～
如果你的客戶是美髮院老闆娘，你洗髮、剪髮、燙髮都到那去，三不五時還推薦朋友或自己帶朋友過去捧場，你覺得她會怎麼看待你？

如果你的客戶開餐廳，你常光顧他的生意，不斷推薦朋友去他的餐廳吃飯，你覺得他會怎麼看待你？

如果你的客戶是開銀樓，你有親朋好友小孩滿月你都往他這買金鎖片，客人結婚都往這裡介紹，你覺得他會怎麼看待你？

如果你的客戶是開蛋糕店，你一年在這裡買 5、6 百個 6 吋生日蛋糕（送客戶），你覺得他會怎麼看待你？
以上都是我真實的服務經驗,而這些開店做生意的老板們,也成為我重要的轉介紹來源。

創造客戶心中價值
你來我往的人情之下，當對方的朋友需要你的產品時，他就會因為過去受助於你，而主動推薦你。

所以「耕耘舊客戶」除了熱心服務之外，照顧他的生計，比什麼都「有感」。
只要我們願意站在客戶的「平等互惠」角度思考，也相信自己是可以為客戶創造價值，經營的視野就會有所不同。曾經有位客戶對我說：「成為你的客戶是我的榮幸！」讓我在銷售商品的有形業績之外，也找到了自己存在的價值。

★ 祕笈 55 ★ 開發更多客源策略

客源開發三大策略

做銷售業務最擔心與害怕的，就是找不到客源方向，有些人在業務圈子裡打滾許多年，對於如何找到客源，到現在還是懵懵懂懂，有更多都是只知其一不知其二。

客源廣義來源可分緣故、陌生、轉介、職域等市場，這我們在本書其他章節已有說明，我現在與你談的是更多元思考的客源開發三大策略：（如圖）

開發更多客源

利基策略	標靶策略	同類策略
我來自何處？	誰更適合？	我的溝通屬性？
工作職場 社團組織 公益團體	醫師 藥師 護理人員 營養師 美容師 業務人員 異鄉工作者 退休軍公教 ……	性別 年齡別 職業別 族群別 組織別 ……

・共同的背景、經驗、話題 ・有相對自信	・產品事業相關性 ・找出適合的理由	・我容易溝通的對象 ・我的魅力所在

1. 利基策略：思考方向是～我來自何處～可發展對象
譬如：我曾工作服務過的公司單位
我曾就讀過的學校、補習班
我曾參與過的社團組織團體
我曾參與過的公益組織團體
……
開發關鍵：
@ 擁有共同背景、共同話題、共同經驗
@ 有相對了解，就有相對自信

2. 標靶策略：思考方向是～誰更適合該項產品
譬如：減重產品～
減重中心、月子中心（合作對象）
身材需調整者、局部雕塑者、健康因素減重者（三高）

譬如：小貨卡～
攤車改裝車行（合作對象）、（取改裝型錄）
拜訪個性攤商（咖啡、披薩、壽司、港點……）

譬如：彈性襪～防靜脈曲張～需久站立者
美容院、美髮院服飾店等女性專賣店（合作對象）
老師、護理師、空姐、櫃姐……
開發關鍵：
@ 產品明顯使用對象背景
@ 產品明顯可合作對象

3. 同類策略：我的溝通屬性～慣性對象
我最容易打進或接近的對象
我最了解熟悉生態的產業對象
有人異性説服力強、有人同性相挺力高
有人特受長者照顧、有人特受年輕人愛戴
有人對職業有發展特長～因爲我來自該職業
有人對族群有發展特長～因爲我來自該族群
有人對團體有發展特長～因爲我來自該團體

開發關鍵：
@ 讓我們有溝通自信的對象
@ 讓我們有説服自信的對象

客源開發要有無限想像力，透過任何面向思考名單來源，隨時蒐集名單（名片、聯絡資訊），存檔資料庫，適時發展人脈網絡，建立朋友圈。待成熟或適當溝通需求時機，自然釋放商機。

第六章

銷售服務篇

★祕笈 56★服務衍生的力量

「服務勝負在細節」
「沒有人喜歡被『推銷』，但沒有人不喜歡被『服務』。」
頂尖的銷售家「不在乎成交多少客戶（利益），而在意創造多少朋友（情誼）。」
「千金難買是朋友，朋友多了路好走。」
「買了想念、不買懷念，想念、懷念不如再見面。」
「銷售最終的依靠，是忠實客戶的轉介紹。」

客服大師嚴長壽說：**「服務的溫度來自細節。」**
但什麼是細節呢？簡單的說：**「微不足道就是細節。」**

「好的服務，不如熱心服務；熱心服務，又不如細緻的服務。」細緻的服務，就是貼心服務，就是在別人看不到的地方被看到，在別人做不到的地方被發現，從小地方關照顧客，更能感受動人、溫馨，產生信賴，甚至是依賴。

同理心創造感動服務
我做保險業務時，十多年來都常去公司旁的一家小咖啡廳喝咖啡，我喜歡「它」的原因除咖啡好喝、環境不錯，和老闆也很聊得來外，而最主要是有一次我喝完咖啡，突然看到杯底刻著我的名字「永堯」，心裡感到好窩心，心想是不是常客都有如此待遇？於是就小聲詢問一下老闆。

老闆告訴我，他發現我每次喝咖啡，都會有拿紙巾擦拭杯沿的動作，認為我可能在意共用杯器的衛生習慣（其實我是不喜歡杯沿有水氣～怪癖），所以有新杯器一來，就在杯底刻名，幫我保留一個專屬咖啡杯，刻在杯底，就是怕其他客人看到沒有同樣的服務，而產生不必要的誤會。就是這樣的服務細節，讓我喝咖啡就想到這家店，沒有其他品牌迷思，更不做第二選擇。

這就是同理心～如果你是客人～你期待什麼～什麼時候你被某個服務感動過？在乎每個微不足道的小細節，累積超越客戶期待的感動，給人安心、放心的無法預想的額外服務。

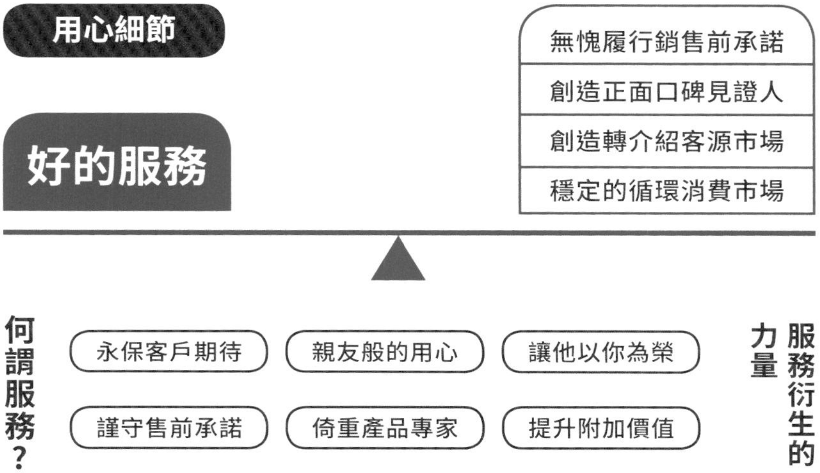

用心細節

好的服務

無愧履行銷售前承諾
創造正面口碑見證人
創造轉介紹客源市場
穩定的循環消費市場

何謂服務？

永保客戶期待
親友般的用心
讓他以你為榮
謹守售前承諾
倚重產品專家
提升附加價值

服務衍生的力量

服務衍生的力量

「服務」是市場倍增的主要因素，滿意的商品成交不代表你成交一位忠誠客戶，你售前服務的殷勤，能否延續至售後服務，常常是客戶觀察你是否是真心服務的指標，相對的，好的商品加無微不至的滿意服務，轉介力就有機會醞釀而生。

留住一位忠誠客戶，比開發新客戶更能創造開源市場。一個好的服務至少可延續五項經營目標：

1. 穩定的循環消費市場。

2. 創造轉介紹客源市場。

3. 適時培養事業經營者。

4. 創造正面口碑見證人。

5. 無愧履行銷售前承諾。

八項服務思考觀點

「服務」既然有這麼多的正面利多延伸，那究竟又該如何做好售後服務呢？我們不妨用以下 8 個觀點思考著手：

---

1. 永遠保持客戶對你的期待：客戶會讓你成交，商品固然是因素，但你才是絕對關鍵，當初成交時形象為何？態度為何？保持下去，如此而已。你之所以成交，表示他接受當初的你，認同了你，而今後你是否一本初衷，他也無從掌握，如果你真想做好服務，一定要做到你答應的每一個小承諾，否則不要隨便說出口，這就是最基本對客戶的期待負責。

2. 如同至親好友的對待：如果你認為客戶與你之間只存乎於買賣關係，建議你還是努力開發客源，不斷零售，因為服務市場所衍生的零售或推薦你是難以建樹。拉近客戶距離就是把客戶當朋友，適當的關心與悉心照顧，你知道他的生日嗎？你知道他的嗜好嗎？你了解他多少？一張親筆生日賀卡！（現在台灣 35 ～ 45 歲人口，平均接到親筆生日賀卡張數僅 1.5 張而已），一個他喜歡的話題！一個適時的電話問候！這都是我們用心就可以做到的，你做了嗎？

3. 讓他以作你客戶為榮：如果你是最棒的，不要吝嗇你的分享，讓客戶成為你加冕席上的貴賓，讓他以慧眼識英雄為榮，也讓他慢慢熟悉你隸屬的團隊。如無法邀約成功，一封夾含授獎照片的感謝函，也要適時寄出。

4. 你是客戶倚重的產品專家：產品的專業訴求，客戶的溝通管道當然你是他倚賴的窗口，他的疑難你都能給予解決，你自然就是該項產品購買及推薦的唯一窗口。

5. 產品訊息傳遞者：新產品資訊與市場新知，客戶理當有優先知的權力，扮演好傳遞者的角色，適時做產品解說。

6. 提升自我附加價值：也可以說是要懂得創造被利用的價值，就是要擴大服務（附加）價值，試問自己有業外的個人專長嗎？當你附加價值越多，功能性就越強，客戶對你的需求就可能增多，相對話題也會擴大，距離自然可以拉近不少，最重要的是，有什麼事就可能想到你，「依賴感」就逐次成形。

7. 售後服務更勝售前服務：客戶「購買產品」後，最討厭的是售前滿獻殷勤，售後棄之不顧。

「服務」不該只是滿足顧客在購買前的需求，更應延伸到他購買之後，能否有效使用產品，以提升售後對產品和銷售者的雙重滿意度。主動考量客戶可能發生的使用難題、可能需要的協助；追蹤客戶使用狀況，給予完整資訊、資料、使用說明，使其安心，讓客戶感受到，他買的不單只是「產品」，更是多元的「人性服務」。「用服務取代行銷」才是成功的關鍵。因為「服務創造感覺」，顧客會因為持續不斷的「好的感覺」而成為忠誠顧客，與你同在。

王永慶的窩心

王永慶年少時，自己開了一家小米店。在當時，客人都是自己到米店買米，而王永慶採用更主動的做法，那就是送米到顧客家。不僅如此，他還為顧客記錄家中人數、一個月吃多少米、何時發薪水等資料，到了米快吃完的時間，就主動再送米上門；等到顧客發薪的日子，再上門收取米款。

送米到顧客家的時候，如果米缸裡還有米，他就先將舊米倒出來，將米缸刷乾淨，然後再將新米倒進去，把舊米放在上層，這樣舊米就不至於放太久而變質。這些做法不僅讓顧客深受感動，還持續只買他的米並且主動幫他介紹客戶。

贏得愧疚的服務

筆者一向都在「全國加油站」加油，不是我特別喜歡他們家的油，而是他們聘用的身障員工讓我感動。記得十多年前，我去「全國」加油，看到一個身心怪怪的加油員，為我加油時，一直往我的車內窺探，讓我不是很舒服，只想加完油趕緊離開。直到加完油，他問我一聲：「先生！你車上的垃圾要不要我幫你丟掉？」 我一聽內心一陣酥軟，立即慚愧地把垃圾拿給他，心裡瞬間充滿愧疚！我竟因為他的身障而懷疑他內心的良善！我覺得我真不是人！平心而論，開了三十多年車，他是唯一一個幫我丟車內垃圾的人。我感恩他一輩子，因爲他教了我對人都要有基本的尊重。而我也打定主意，這輩子盡可能都要到「全國」加油！（聘用身障人士最多的加油站）

8. 服務的宗旨是：「售以安心」

售前表誠心：以真誠的態度，不誇張、不造假，以客戶需求為前提，不以產品成交為目的。

售中同理心：不做為銷而銷之的強迫行為，以客戶當下的立場、需求、迫切性及經濟負擔考量。

售後多關心：真正的服務差異多發生在售後，客戶的抱怨也都發生在售後，售後多關心，才會有滿意客戶及延續客源發生的機會。

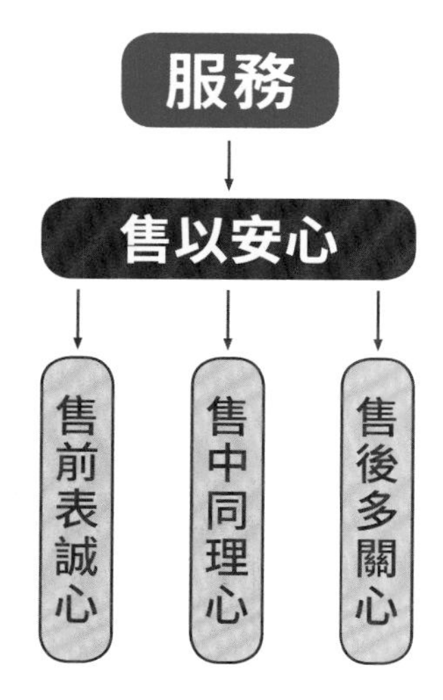

服務的目的是為了滿足客戶期待、信守承諾及拉近距離，藉由關係的提升，達成持續購買關係和主動轉介紹的可能。

我們必須出之於誠，不必躁進，只要這是好的產品、好的服務心態，你已經走在對的道路上了，不是嗎？祝福你！

第七章

需求引導篇

★ 祕笈 57 ★ 挖掘客戶消費動機

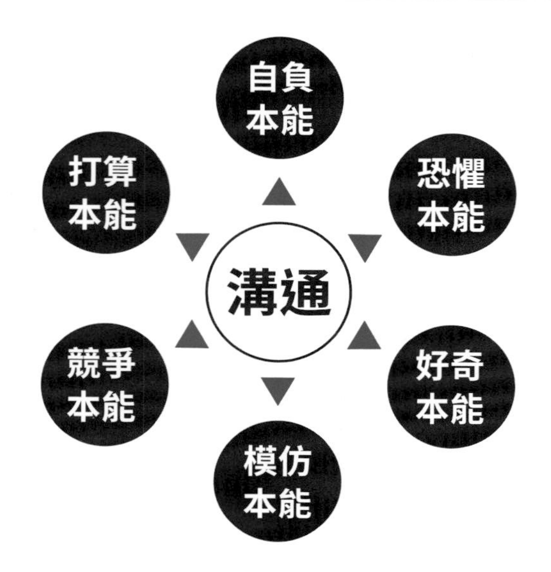

強化六種感性購買本能及話術示範

不要瞄準他的腦袋（理性），該命中的是他的心（感性）

一般客戶消費動機只有五分之一屬於理性行為消費，其餘五分之四都屬於感性行為消費，亦稱本能消費，而往往理性消費較耗時，感性消費瞬間成交卻不足為奇。

所以刺激客戶消費，不要瞄準他的腦袋（理性），該命中的是他的心（感性），激發本能購買慾望：

1. 自負本能：希望別人讚揚，提升個人評價，以滿足自己的本能。例：無限卡、貴賓卡、名牌商品、高檔產品、貴賓專屬服務。喜歡讚美，別拿低價商品，這不會是刺激他購買的選項。

話術示範→李小姐，這麼時尚的您，一定聽說過歐美、日本現在最流行的保健食品的新趨勢，「粉末沖泡機能飲品」，現在台灣也有進口這樣的產品，所以我一定要先推薦最懂得時尚趨勢的您，為我們的產品加分。

2. 打算本能：金錢分配主義，只要物超所值，買到就是賺到。促銷時的忠實客戶族群，多買多賺，買了擱著無用，送人也贏得人情。只要認同產品，物超所值就會是他最強烈的購買動機。

話術示範→李小姐，健康（美麗）可以有更便宜的選擇了，最近有一家廠商發表了「粉末沖泡機能飲品」，這是最新流行的保健食品趨勢，而且一瓶的份量等於過去 5 瓶膠囊罐，更重要的是，高品質卻只有過去一瓶左右的價格，懂得精打細算的您，我一定要讓您先知道。

3. 恐懼本能：求安全、求無掛慮，強烈的生存意志。在意健康概念，保險備糧的概念，激發恐懼本能，就容易引導出「未雨綢繆」的價值觀，此時保健相關產品、備不時之需的概念產品，都是有效的產品訴求。

話術示範→「只有懶女人，沒有醜女人」，我就不曉得為什麼就是有些女人參透不了這個道理，只要勤保養、做防曬，再搭配目前最流行有效的「法樂飲美肌飲品」，年輕個十來歲，就是這麼簡單不過，為什麼她們都不肯做呢？

4. 好奇的本能：人對新鮮事，一定有著好奇的態度，未見過的事物，也有發生興趣的本能。新商品的問世、獨特性產品、有立即展示效果的產品，都會激發好奇的本能。

話術示範→淑惠，最近參加了一家廠商的「粉末沖泡機能飲品」發表會，聽說這是最新流行的保健食品趨勢，不過平心而論，還挺好喝的，我 A 了好幾包美白飲品試用包，您要不要試試看，我泡給您喝！

5. 模仿的本能：對於優秀者、崇拜者的羨慕，希望起而效法，女性更是模仿本能的主流群，家庭生活產品、美妝保養產品，以模仿本能的刺激效果是最明顯的。

話術示範→淑惠，最近我和幾個好朋友，都在喝「法 x 飲靚白胜肽飲品」，還挺好喝的，效果還挺明顯的，我跟廠商 A 了幾包美白飲品試用包拿回來喝，您要不要試試看，我泡給您喝！

6. 競爭的本能：不願輸給別人，進而要比別人強的本能意識。這就是補教界蓬勃發展的最主要原因，若以直銷產品而言，知識產品、運動保健產品都有不錯的切入點，特別以其子女為談論主角，是不錯的溝通策略。

話術示範→前些日子我給我公婆喝「法樂 x 關鍵立飲品」來保護關節，效果還挺明顯的，劉太太聽說後也拿了一瓶回去給她婆婆喝，又拿一瓶可以穩定工作情緒的飲品給她老公喝！其實劉太太對這個婆家還真有心啊！

透過以上六種感性購買本能強化，刺激購買慾，成為溝通訴求，並且可以輕鬆掌握到主導優勢權，不妨針對你的商品，找到適合需求客戶，給予感性本能的訴求點，縮短成交時機。

★祕笈 58★引導消費動機（連結五大商機）

我們先前談過馬斯洛五階需求層次理論，除了「生理需求」來自於「活下去生命本能」的「主動」外，其餘四階需求「動能」就不一定如此強烈，「需求」得要靠外在更多的「比較」和「刺激」，而對「銷售者」而言，「比較」和「刺激」就是激發客戶內心的「消費心理動機」。

何謂「消費心理動機」？
消費心理基本動機→「避免痛苦，尋求快樂」

消費的「需要」，來自基本滿足的「主動力」
心理學家證實，人的腦中有兩大神經迴路，它們的功能分別就是「尋求快樂」和「避免痛苦」，這是一種大腦內置性的本能反應，人們會主動的尋求當下基本的安定與滿足，另一方面，也會主動的選擇避開（逃避）不舒適感，或可說是困難或痛苦。「尋求快樂」以及「尋求解決困難（痛苦）的方法」，就是消費者購買動念的開端。

消費的「想要」，來自永不滿足的「被動力」，而「被動力」主要來自外來的「比較性」、「刺激性」等，以及滲透、煽動力衍生的購買慾望，所以**銷售端不變的經營策略就是～「改變消費者的『基本滿足』變成『永不滿足』，就是無限商機。」**

饅頭——填飽肚子的基本需求
衍生出～雜糧饅頭（瘦身）、酵母饅頭（防脹）、全麥饅頭（低 Gi）……
堅果饅頭（抗老）、桂圓饅頭（補氣）、芝麻饅頭（明眼）……

電視機——客廳一台單純視聽育樂
衍生出～一家多出三～四台變正常
再衍生出～無止盡的多元性功能電視

腳踏車——簡單的代步工具
衍生出～淑女車、登山車、都會車、公路車、小徑車、摺疊車、娃娃車

化妝品——從簡單的口紅、眉筆、腮紅
衍生出～飾底乳、妝前乳、隔離霜、BB 霜、粉底液、粉霜、粉條、遮瑕蜜、遮瑕膏、遮瑕筆、遮瑕霜、粉凝霜、粉餅、蜜粉、繡眉、紋眉……

五大「痛苦指標」VS 五大「快樂指標」

最強的五項商機賣點：

無論你賣的是什麼商品，想辦法和這 5 項商機賣點做連結

「它」就是代表著最重要的購買動機的概念～

→消費心理基本動機→「避免痛苦 + 尋求快樂」

人類的五大「痛苦指標」～醜、窮、矮、胖、弱

人類的五大「快樂指標」～美、富、高、瘦、強

醜～美 →「這瓶霜能改善妳最在意的黑斑」、「這洋裝更能拉長身形比例」、
「這款眼鏡讓你的酷更顯現帥氣」、「這髮型能讓妳更顯瓜子臉型」

窮～富 →「這支手錶是馬雲最喜歡的錶型」、「這貨車是很多老闆的起家車」、
「這行業冷門少有競爭對手，未來收入可觀」

矮～高 →「這雙鞋設功能是刺激腳骨生長板」、「這西服更能拉長腿部比例」、
「生長激素是蛋白質及胺基酸而不是鈣」

胖～瘦 →「這款彈性快走鞋，會讓妳快走上癮」、「我們的飯盒低 Gi 飽足不發胖」、
「這套健身課程每天 4 分鐘，一個月可瘦 3 ～ 5 公斤」

弱～強 →「這髮型會讓你看起來更有專業氣勢」、
「這款機油能瞬間提升舊車 20% 以上馬力」

無論你賣什麼「商品」，記住！消費心理基本動機→「避免痛苦＋尋求快樂」的重點概念，
從「挖深痛苦指標」→「放大快樂指標」有效連結
「五大項商機賣點」，讓我們的訴求讓客戶午夜夢迴時也能「漣漪激盪」

★ 祕笈 59 ★ 激發客戶需求的「內心對白」

激發「內心對話」，勝過千言萬語

我們都知道銷售產品時，首要是能夠把產品的效能和客戶的需求做有效連結，除了我們對產品做鋪陳介紹外，如果有「眼見為憑」的實證，當然對我們的銷售有著更直接的加分作用。

讓客戶自我對話（過篩）

如果沒有，也要有自身或客戶經驗分享做補充說明，最好輔以佐證資料（相片、影片、報章雜誌、單位證明等）。

如果客戶看到或聽到產品的功能訴求也好、實證效果也好，願意更專心投入（聽我們說明或示範時）或把玩產品，或詢問商品相關問題！表示產品興趣度已經提高，此刻客戶的心裡就會有產生自我對話（過篩）。

「理性的必要」戰勝「感性的衝動」

客戶內心自我對話，其實就是內心裡在做「Yes 」 or 「No」的選擇，有選擇的動念，就表示是有「意願度」，此時客戶內心正尋找「理性的必要」戰勝「感性的衝動」的購買正當性。

「內心對白」三連動：驚奇、迫切、改變

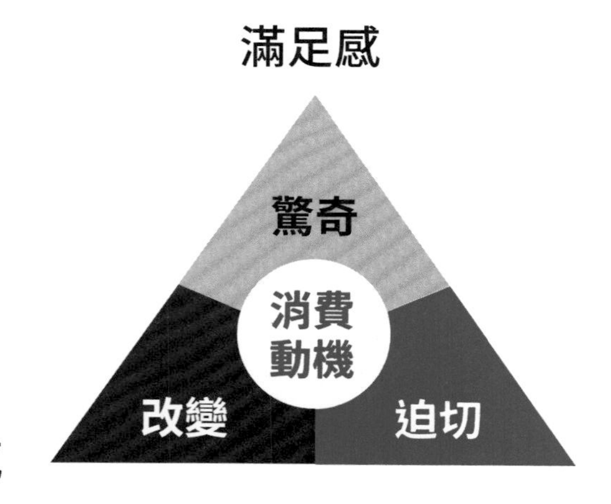

---

1. 驚奇：讓客戶看到原本未知的驚喜或嘖嘖稱奇！推翻客戶既定認知，將原本認為不存在或自認不需要的商品產生內心悸動，帶給客戶內心對話。

驚奇～（客戶內心的對白）
～哇！手機螢幕居然可折疊！
～哇！ 70 歲怎麼一點皺紋都沒有！
～哇！這車會自動停車耶！
～哇！原來美白可以這麼簡單！
～哇！這麼好的技術，我也想做做看！（美睫、美甲、紋繡）

2. 迫切：驚喜後的內心激盪，引導客戶為自己找尋該產品的購買動機，及迫切需求的理由（自我對話）。

迫切～（客戶內心的對白）
～這是最新產品的預購特惠接單（車、手機），錯過⋯⋯
～這產品不就是我找尋已久的嗎？此時不買更待何時
～這產品常缺貨，現在有貨不買可能要等（肌餓行銷）

3. 改變：創造購買產品後的願景實現，改變現有窘境的不滿，得到未來自我期許的肯定與自信（自我對話）。

改變～改變的願景（客戶內心的對白）
～如果真的瘦下來，我一定要舉辦同學會
～如果路邊停車不成問題，開車上街就沒啥好怕的
～如果我的臉變漂亮了，我一定要前男友後悔

需求動機來自「客戶的內心期許被滿足」，我們溝通再多、遊說再多，不如想辦法以產品的特色、效能展示和別人使用經驗或產品研發動機，結合情蒐來的客戶資訊，來做銷售布局，激化客戶購買意願的「自我內心對白」，讓客戶主動為自己找尋商品購買動機。

★祕笈 60★打造客戶「需求綠洲」

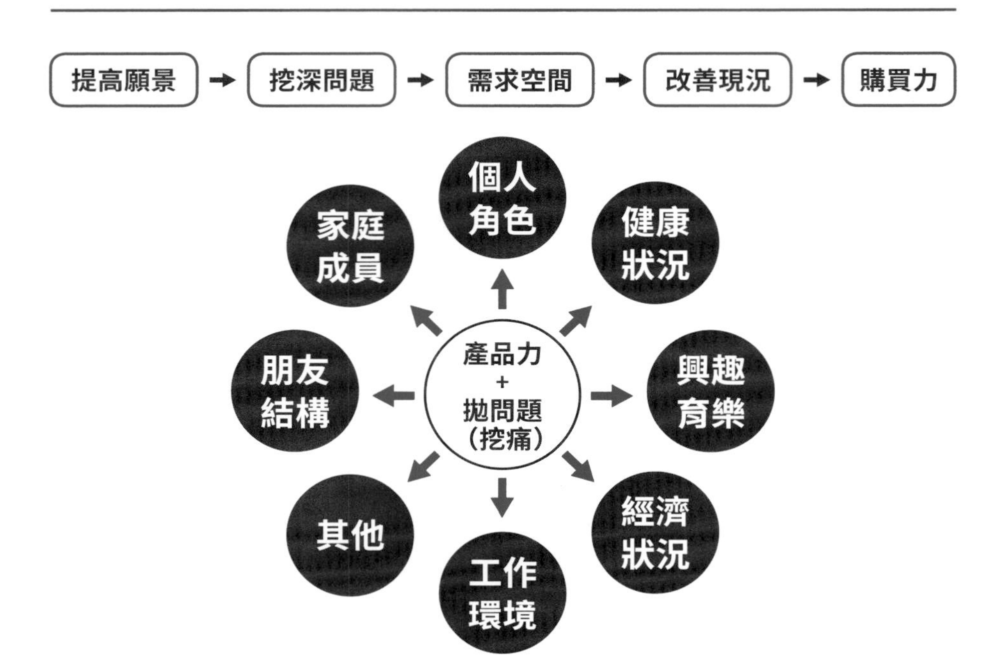

溝通需求的途徑：

「拉高打低」的策略運用

拉高：把「願景」拉高～

→「要把好處說夠；痛苦說透」

→「需求」就是內心「感受」被「滿足」

→把內心的「虛求」化成真實「需求」的可能

例如：

@ 進口車「你終究都要開歐洲車的，那為什麼不一開始就開？」

（高 CP 值歐洲進口小車）～強化購買能力

@ 長高器「七個睡前必做的事，讓你長高十公分不是夢！」

（給解決問題的方法）～強化改變動力

@ 房地產「誰說年輕人買不起內湖的房子？」

（為年輕夫妻蓋的房子）～鼓動圓夢力

打低：把「痛苦」挖深～

→把內心的「無奈」激化「改變」的可能

→刺激「比較」心態，激化「向上」的可能

例如：@「X 品牌沒有 XL 的 Size，要不放棄品牌，要不改變身材」

（沒辦法改變世界，就改變自己迎合世界）～開啟驅動能量

@ 等紅燈最殘酷的對比：「騎車日曬雨淋」vs「開車西裝筆挺」

（沒比較沒傷害，就怕比較在眼前）～勾起比較心態

【挖痛苦　拋問題】

朋友你想想（健康為例）……（問題）

1. 當科技造就了文明，創造進步，但我們卻用健康付出了學費！
2. 我們享受文明，卻也在文明下選擇慢性自殺，但許多人也莫可奈何！
3. 你敢生飲自來水嗎？你是消極避免，還是積極的追求健康？
4. 燒烤、油炸調理食物雖然美味，但卻是腸胃道癌的常客！
5. 藥物殘留、食品加工，化學添加物殘留體內，卻成了肝癌的溫床！
6. 空氣的污染，讓無辜的孩童面臨史無前例的過敏、呼吸道疾病的威脅！
7. 肺癌居然是吸煙率不到 10% 的女性第一號殺手，公平嗎？
8. 「普拿疼」不含阿斯匹靈，不傷腸胃，但它不會告訴你「它」傷肝！
9. 我們可以常常假裝看不見、聽不見，但我們卻無力阻擋疾病敲門！
10. 癌症、SARS 都是大自然反撲，而我們只能祈禱中獎的不是我而已嗎？

【引願景　切產品】

朋友你可以（健康為例）……（願景）

1. 你應該選擇積極的健康，你更該選擇簡單就能創造的健康！
2. 你沒有辦法改變生存的環境，但你有辦法選擇健康的途徑！
3. 我們沒有瓶瓶罐罐，「健康」我們為你做了最簡單有效的選擇！
4. 我們不賣藥，我們給你的是營養，讓身體回歸自然免疫的能力！
5. 正本清源，預防勝治療，治本強治標，你的健康只有你自己可以掌握！

試探促成→（拿起產品或資料）

「基於朋友情誼，我有告知的義務」

「相對的，你有絕對為健康選擇『知』的權利」

永堯，你覺得呢？（停頓注視 3 ～ 5 秒）

永堯，你看喔！這產品（進入產品說明）

★ 祕笈 61 ★ 懂得「需求動能」心理

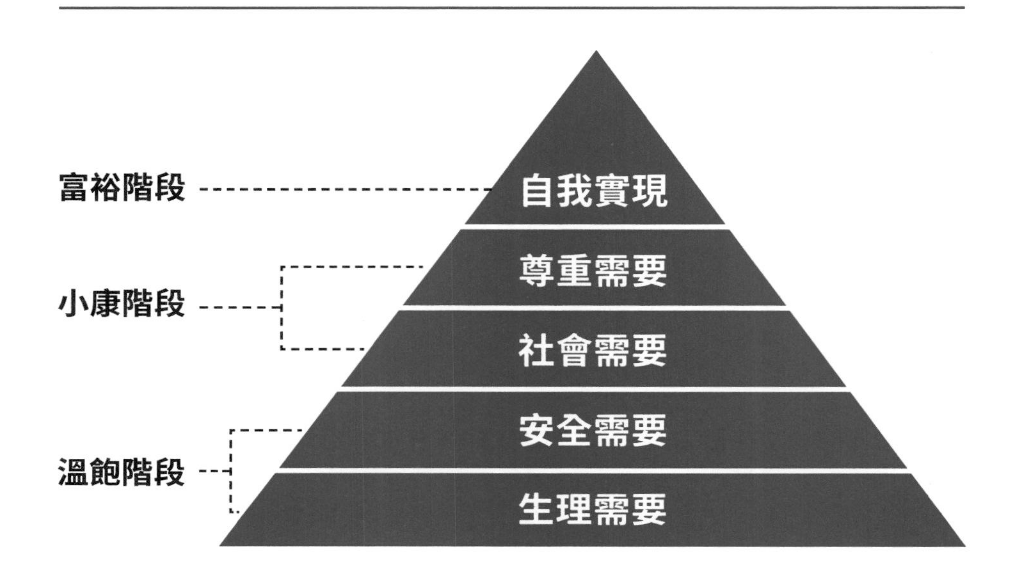

人類從慾望開始爬階

曾聽人說：「生，容易；活，容易；生活，不容易。」

也有人說：「吃飯是為了活著，但活著卻不能為了吃飯。」簡單兩句，卻揭示了淺顯易懂的道理：單純的生存只要滿足「動能需求」就可以了，但是生活可就不一樣，在滿足吃喝「活下去」的生活動能需求後，人類的慾望開始爬階，爾後就會有更多隱藏未知的「需求」乃至「追求」。

1943 年，有「人本心理學之父」的美國心理學家馬斯洛，在學術期刊《心理學評論》上發表了論文〈人類動機的理論〉。按照馬斯洛需求層次理論，有 5 個層次的需求本能。

馬斯洛「五階段需求理論」

馬斯洛需求理論將需求分為五階段，像階梯一樣從低到高，按層次逐級遞升，依次分為：生理上的需求、安全上的需求、情感與歸屬感的需求、被尊重的需求、以及自我能力實現上的需求。

1. 生理上的需求

維持生存的最基本要求，這和任何動物一樣，「活下去成為一切動能的來源」，如對食物、飲水、住所等方面的迫切需求，當這些生存必然條件成為日常，就不再成為激發動力。

2. 安全上的需求

這是人類宣示自我範圍的「保護」機制需求，要求身體不受傷害的安全、家庭環境不受傷害的安全、工作事業不受傷害的安全、財產不受損失的安全等等。

3. 感情和歸屬上的需求

情感的依附的需求：人類適合群居生活模式，人都需要夥伴關係，需要愛情與友情，能愛別人，也渴望接受別人的愛。

歸屬的需求：歸屬群體的感情，小至家庭，大到團體組織。

4. 被尊重的需求

更明確的說是想要「被人尊重的感覺」，企望得到穩定的「社會地位」，實力能得到大多數人的「能力認可」。

馬斯洛認為，尊重需要得到滿足，能使人對自己充滿信心，對社會滿腔熱情，體驗到自己活著的用處和價值。

5. 自我實現的需求

這是最高層次的需要，它是指實現個人理想、抱負，發揮個人的能力到最大範疇，完成與自己的能力相稱的一切事情的需要。也就是說，人必須勝任稱職的工作，這樣才會使他們感到最終的需求滿足。也就是「邁向自我設定的成功」。

以上就是人類「需求」和「追求」的進階本能模式。

而我們業務工作者，一定要針對自己商品的特性、價格，以及你和客戶的主客觀條件，尋找「主要消費客戶群」及「次要消費客戶群」的 A、B、C 等級的依序排列，再依客戶產品「需求點」，創造出「溝通點」（話術內容），成為必須「成交點」（購買因子）。

舉例而言，「財（稅）務規劃保單」，去賣給剛出社會的小夥子，你覺得會有市場嗎？「人身安全」、「家庭責任」才是他們在意的吧！

一部平價車款，你賣的可能是「安全」

一部高檔車款，你賣的可能是「尊榮」

改善靜脈曲張的絲襪，強化的是身體「安全」、「美觀」與「健康」
該賣的「主要消費客戶群」又是誰呢？
標準答案是～「工作需要長期久站的人」，想想哪些人工作需要久站？
空姐是不是？百貨櫃姐是吧？醫護人員需不需要？櫃檯人員會不會久站？
老師一天要不要站三、四個鐘頭以上？……
而「你和客戶的主客觀條件」的意思是說～
如果妳過去是護理人員，
妳的客戶主流當然是與妳有熟悉語言的醫護族群啊！
如果妳的店就在學校旁，
妳的客戶主流當然要設定該學校的女老師呀！
如果妳的同學是空姐……
妳的客戶主流就可能是同學引薦出的空姐同事吧！

了解客戶真實需求就是商機

有一位老太太因為媳婦懷孕想吃酸李子，於是到水果攤買酸李子，老太太走到每一家水果攤，都問老闆同一個問題：「有賣李子嗎？」
第一家水果攤的老闆因為直接說：「我們家的李子很甜！」所以老太太沒買。
第二家水果攤的老闆因為先回問了一句：「有酸的、有甜的，你要買哪一種？」所以老太太買了一斤酸的。
本來已經買好李子的老太太，回家途中經過第三家水果攤，想說再買一斤，在結帳的時候閒聊了一下，沒想到老闆問了一句：「客人都喜歡買甜的李子，你為什麼要買酸的呢？」於是老太太說出因為媳婦懷孕想吃酸李子。
老闆還特別提到說：「孕婦多吃些富含維生素的水果，小孩會更聰明喔！」讓老太太很有興趣，便進一步問老闆：「哪種水果維生素含量比較高？」老闆回答：「當然是奇異果囉！」於是老太太又多帶了一斤奇異果回家。之後老太太更常常來這家水果店。

銷售概念就是賣客戶「該要的」（需求）、「想要的」（追求），
而我們的工作就是找到「正確目標」→「適時的提醒」→「大膽激發」，
最後給他「需要」的產品，如此而已！

第八章

異議處理篇

★祕笈 62★異議處理（一） 建立異議處理的健康心態

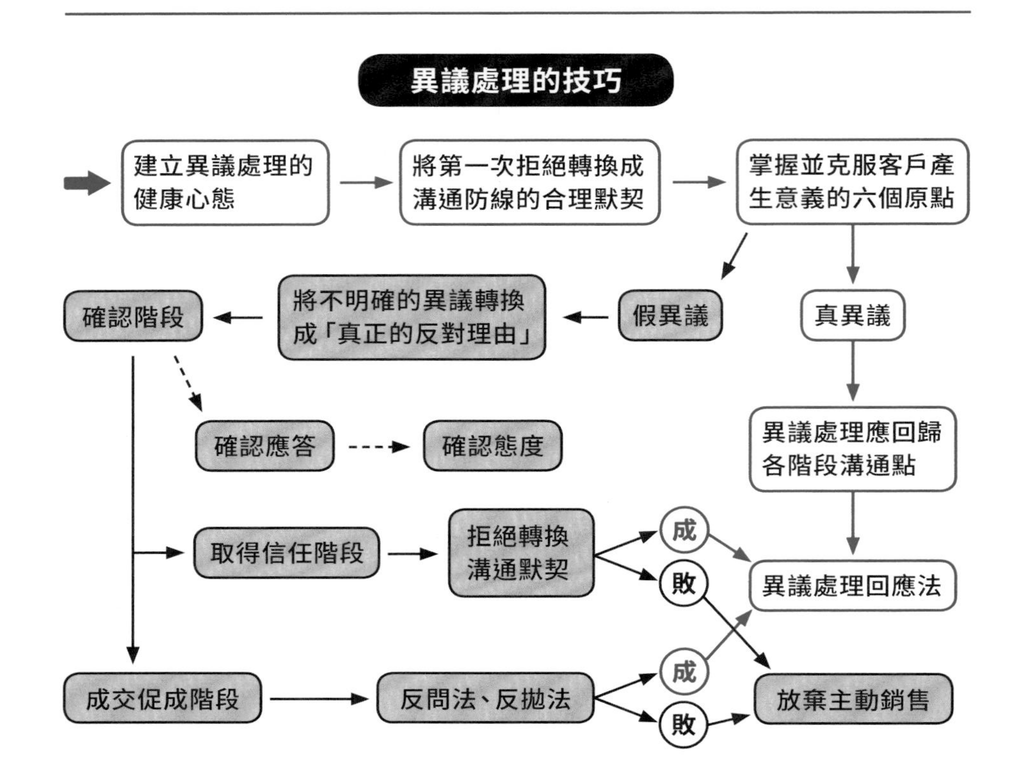

別被對方拒絕嚇跑！

「對不起！我不需要。」、「我考慮考慮再打電話給你？」、
「我買很多了？」、「有需要我再找你！」、「我沒錢！」……
這麼多的反對理由與藉口，左一個拒絕、右一個反對，常讓我們在一股腦兒分享後頓時受挫，內心受傷，甚至於開始懷疑自己人際關係是不是有問題？
其實依銷售的觀點來說～「異議處理」本就是銷售的一環，「反對」也是一種意見互動。

如果一位客戶在我們銷售分享過程中，連反對拒絕都懶於開口表達，勸你還沒受挫前，放棄他吧！不過你放心！除非你真的是霉運當頭，或者你天生就是「顧人怨」，否則得到這樣的客戶應對的機率幾乎等於零。

如果你能把「反對的理由」，當成是通往成交的一把門鎖，而我們該做的是好好「比對」手中那一串鑰匙，耐心開啟。你會不會覺得「反對的理由」突然從「可怕」，變成「可愛」許多了呢？

建立「異議處理」的健康心態

「異議處理」就是一個不斷尋找準確需求的一個過程，當我們知道「異議處理」的角色扮演，我們不妨就好好比對手中每把「可能」開啟成交的鑰匙，並且摒除過程中不必要的緊張焦慮，建構一些正面的健康心態。下面我想提供夥伴們在異議處理過程中，幾個不錯的健康思維供大家參考：

銷售就是頂著拒絕狂飆

◆異議才是洽談的開始，客戶絕對不是拒絕你的人格。
◆異議並不是反對你本身，只是溝通尚無法成立而已。
◆異議並不是反對你本身，而是等待你更詳盡的說明。
◆異議並不是反對你本身，可能產品目前沒有急迫的需求。
◆銷售的任務，本來就是答覆對方一連串的反對意見。
◆拒絕可能是在反制你的推銷模式，而不一定是你的產品。
◆拒絕可能是客戶當下的情緒反應，不一定代表永遠拒絕。
◆不要把異議當成銷售中的障礙，而是提醒我們成交的信號。
◆異議的本身有可能情緒大於問題，先處理心情再解決問題。
◆異議就是客戶有個人需求的想法，共同討論需求，達成協議的機會。
◆不是你不會處理客戶異議，而是你從未以客戶角度思考！
◆客戶的反對，對我們而言，不過是購買前一次次的商品測試而已，若你知難而退，與瑕疵品有何差異。
◆處理完客戶所拋出的異議問題，就代表離「成交」距離不遠了。
◆「反對的理由」就是通往成交的一把門鎖，而我們該做的是好好比對手中那串鑰匙，耐心開啟。
◆客戶多次給予機會卻又多次拒絕，表示他只是在找尋及塑造心目中想要的服務人員而已。
◆把客戶的反對當成「期望需求」。例如：（太貴了！）（我年齡太大了！）而他只是希望你能解決他的問題而已。

建立以上「異議處理」的健康心態，「異議處理」對你而言，就理當無法構成心理上的障礙，當然，你也必須有心理準備，不是每一件個案，你都一定擁有開啟成交的那把鑰匙，只要悉心處理每一種反對可能，提升「異議處理」的成交值，你就是成功的異議處理專家。

異議處理除了健康的應對心態外，最重要的是找到真正的反對理由，才能適時的找到應變處理的方法，而反對理由也不是只有在促成締結末了才會發生，如果我們能在五個銷售階段（取得信任階段、創造需求階段、產品說明階段、異議處理階段、成交階段）先找到客戶可能產生異議的理由，將其慣性熟練的注入預防的動作，或將異議及問題當下就先行各個擊破，唯有如此後階段的異議處理及促成就會單純許多。

但是，我們如果能夠先行了解客戶在各階段產生異議或問題的緣由，甚至於可能產生的心理反應，我們就越容易走入異議問題的核心，適時的疏通預防，乃至於有可能提前成交。客戶的拒絕和異議，可能背後隱藏的是不了解、怕壓力、怕決定，而不一定是排斥我們或產品。我們要懂得，有異議就有銷售點。找到客戶拒絕或異議成見之所在，化開癥結點為成交理由，化危機為轉機，造就銷售者的頂尖素養。
在異議處理（三）的章節，我們就針對異議可能產生的六個原點再作出說明。

★祕笈 63★異議處理（二）尋求合理默契

將第一次的拒絕轉換成溝通防線的「合理默契」

→美國頂尖銷售家法蘭克・貝特格（Frank Bettger）在累積了 5000 次拜訪客戶的經驗中，統計歸納出一項結果：「顧客拒絕購買的理由，只有 38% 是真的。」

→要尋求客戶為何反對我們銷售的理由之前，我們應該先行理解為什麼大多數人在面對銷售者時，總是會以反對或拒絕做為第一道防線。
原因無它，因為唯有如此～
1. 他就可以擁有更大的「彈性選擇空間」。
2. 有更「充裕的時間」找出需求購買的理由。
3. 避免來自於銷售者的壓迫或「人情壓力」。

→將客戶的第一次拒絕當作理所當然，而我們該為客戶建立一套虛擬的**「我有不受壓力的消費與否最終選擇權」**的安心防禦線，保持雙方合理默契。

所以建議你只要尊重第一道防線的精神指標，保持不要過度踰矩默契，讓對方更能夠在安全的心態上，聽（看）你後續的銷售說明。

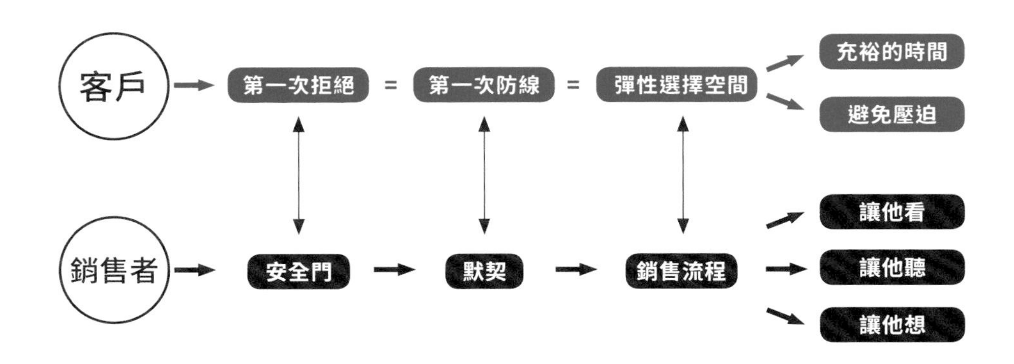

話術帶領示範

範例 1 ：我不需要（我知道……但……如果不錯）

→ 我知道劉先生對我們的產品不一定需要，但這是最新的生物科技產品，劉先生您只要看看我做的產品示範，如果不錯，有機會幫我介紹就行了，好嗎？

範例 2 ：我沒時間（我知道……所以……如果不錯）

→ 我知道劉小姐工作忙碌，也不敢耽誤您太多時間，所以我把保養品都準備好了，只要 20 分鐘的時間，我幫您做個清潔保養，讓您感受 ×× 配方的魅力，如果不錯，有需要您再跟我說好了。

範例 3 ：你們家產品較貴

（您說的是……但……因爲……所以……而是……）

→您說的是，我們售價確實比其他品牌貴一些。但這其實是有理由的，因爲這瓶是法國一年一採的珍貴有機原萃，以公司開出的價格相對實惠。所以，我猜想問題可能不是您不喜歡這個產品，而是我沒盡到說明責任，是我不對！真是抱歉！

範例 4 ：品牌沒聽過

（如果我的理解沒錯……您擔心的是……其實）

→如果我的理解沒錯，我相信剛剛的示範，林小姐對產品的功能有一定的興趣，您目前擔心的是公司是新品牌，有沒有完善的售後服務，是嗎？

其實就因爲是新品牌，公司要給客戶更強大的信心，公司提供高於市面一般一年保固的三年保固服務，您看！這是保證書……。

★祕笈 64★異議處理（三）異議拒絕六大原點

異議問題的六大癥結原點

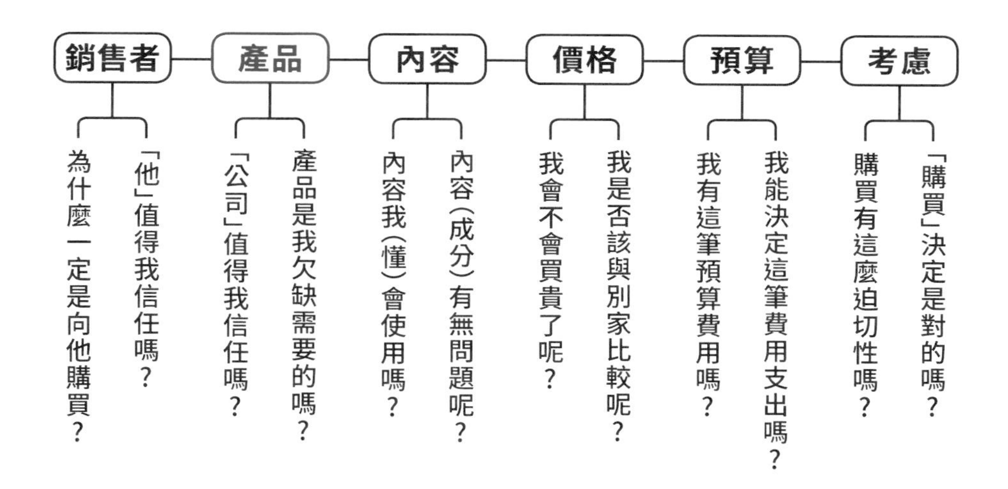

異議處理應回歸各階段溝通點

1. 銷售者：Q：「他」值得我信任嗎？ Q：為什麼我一定要向「他」購買？
→溝通點→回歸「取得信任階段」→處理方式→自我剖析（拜訪或銷售動機）

2. 產品：Q：這公司的產品值得我信任嗎？ Q：這產品真的是我欠缺需要的嗎？
→溝通點→回歸「創造需求階段」→處理方式→產品與客戶需求融入結合

3. 內容：Q：我真的了解產品內容成分嗎？ Q：我會使用（操作）嗎？
→溝通點→回歸「產品說明階段」→處理方式→內容成分簡述，強化產品效益、特色和使用（操作）

4. 價格：Q：不曉得我會不會買貴了呢？ Q：我是否該與別家比較呢？
→溝通點→回歸「異議處理階段」→處理方式→突顯價值＞價格概念，類似產品比較

5. 預算：Q：可是原先沒有這筆預算開銷？ Q：能決定這筆費用支出嗎？
→溝通點→回歸異議處理階段→處理方式→突顯價值＞價格概念，強化選擇正確

6. 考慮：Q：我還有什麼沒有考慮到的呢？ Q：購買有這麼迫切性嗎？
→溝通點→回歸「成交促成階段」→處理方式→訴求、服務承諾，強化選擇正確性幫他下決定（總結）

補充說明：
1. 連產品都還未介紹，就說不需要的客戶，明顯是取得信任階段要補強。
2. 這產品真能改善失眠嗎？表示需求確立，可以再次補強產品說明階段。
3. 別家好像較便宜耶！表示購買意願提升，可以進入異議處理階段。
4. 能不能算便宜點！表示購買意願明確，進入成交促成階段。

以上是銷售流程中，客戶通常異議產生的思考過程，而通常客戶的異議問題，在中間的**「創造需求」、「異議處理」、「產品說明」**三個階段，大多是真實的異議問題，反倒是第一個「取得信任階段」，及最後「成交促成階段」，較容易隱藏假異議問題，所以，我們也不妨試著挖掘不明確的異議問題。

挖掘不明確的異議問題

1. 不明確的異議通常發生在：
a. 取得信任階段
b. 成交促成階段

2. 不明確的異議，通常客戶的回答是：
a. 取得信任階段
通常客戶的回答是：「不需要」、「沒時間」、「沒興趣」、「買很多了」、「我有朋友在賣」、「沒錢」……
b. 成交促成階段
通常客戶的回答是：「有需要再說」、「我考慮考慮」、「我想想」、「我回去和家人商量看看」……

3. 處理不明確異議的方法和話術

a. 取得信任階段

方法：將拒絕轉換成溝通防線的合理默契

「我買很多了！」→我知道……但（所以）……如果不錯……

→我就是知道劉小姐是這方面的專家，所以無論如何也一定要向您請教，如果不錯，能不能為您服務，那也是之後的事了，您說是嗎？

b. 成交促成階段

方法→反問法→承接轉移法

「我考慮考慮！」→太好了……您願意考慮……對了……喔！對了……

→太好了，您願意考慮考慮，就表示您有興趣，對了，那您考慮的是什麼？

「我想和家人商量。」既然您這麼喜歡，我就陪您去和您的家人作說明。

「沒關係！不用了。」（觀察對方口吻與表情）好吧！那還有什麼需要我幫忙的嗎？

「沒有。」喔！對了！有一點很重要，我居然忘了跟您說，這產品，例：限量、特惠，建議您先帶一套回去試試看。

→反拋法（自圓其說法）→主導

「我想和老公商量！」

這真是太好了，那您對我們產品有什麼看法呢？

「我覺得還不錯啦！」

既然覺得不錯，那麼您想如何說服您老公呢？「……」（觀察對方口吻與表情）其實我建議您……。

4. 不明確的異議的表情與態度變化

a. 取得信任階段

→客戶表情：冷漠、僵硬、做作、少有笑容

→客戶態度：匆忙、心不在焉、不耐煩

b. 成交促成階段

→客戶表情：委屈、無奈、呆板、苦笑

→客戶態度：緊張、愧疚感、不知所措、言詞閃爍

真問題、假問題的分辨

銷售的任務就是答覆對方一連串的反對問題。所以，當客戶考量消費動機時，總會丟出一些反對意見，而我們理當就是解決問題者。

但「問題」是否就是他購買動機前的疑問？還是根本沒有購買意願的虛應回答？
前者已經進入銷售狀態，而後者必須重開心門或放棄經營。

「真」與「假」之間，是可以透過你的經驗值當中，覓得一些蛛絲馬跡？而判斷最準確的依據是語調、口吻，因說話的內容是有許多相似之處的，僅能當作次要參考。以下是「真」與「假」的判斷參考範例：

1. 真實的問題：

@ 基於客戶本身利益考量問題：

→已經購買了類似產品或考量經濟能力能否承擔

例如：「我買很多了耶！」「我目前不需要！」「我沒有預算耶！」「我回去和我先生商量看看好了？」……

@ 理性判斷客戶為求證據與真實查核：

→訴求證據，產品效益真實性

例如：「你們產品真的這麼好嗎？」「我再比較一下好了？」「我再想想看好了？」「再考慮一下吧！」……

@ 客戶希望擁有購買權：

→對產品有一定認知，不喜歡說服，偏主動選擇

例如：「你們產品的成分是不是……」「我用過你們的產品……」「你們不是有一瓶護膚霜叫 ×× 的嗎？」等，後面接上「沒關係！我再想一下好了？」

@ 客戶期待其他附加折扣誘因：

→折扣或贈品的期待，可能左右購買者意願

例如：「你們產品好像比較貴耶？」「別家比你們便宜？」「我買不起耶？再看看囉？」「算便宜點我就考慮？」……

2. 虛假的問題：口吻虛應明顯：

@ 根本不想購買：

→自始就無購買欲望，未進入問題口吻虛應明顯

例如：「沒關係！有需要我一定找你？」「我再研究研究？」「好好好！我再想想？」「喔！我知道了！我再考慮考慮吧！」……

@ 無力購買：

→沒有經濟能力或購買決定權口吻虛應明顯

例如：「沒關係！有需要我一定找你？」「我回去和家人再研究研究？」「好好好！我再想想？」「喔！我知道了！我再考慮考慮吧！」……

異議問題的六大癥結原點與銷售五大流程相互比對、檢視和檢討，就能找出許多銷售過程中的阻礙和問題點，也可以快速有效篩選有效客戶。

★ 祕笈 65 ★ 常見的客戶異議的判讀技巧

「時間、實質、心理」拒絕差異化

客戶的異議問題出現的時機點和問題點，如果你經過大量個案判斷且長期的歸納整理，你一定會發現奧妙之處，無論千奇百怪的拒絕理由或異議回覆，最終都還是會歸類頂多十來條理由，如果我們再把這十條上下的拒絕、異議理由，作更細緻的分析研判，我們可能不難找出拒絕異議的一些共通性：

1. 拒絕異議的理由是有時間點的差異

→可分為「溝通前的拒絕異議」、「溝通後的拒絕異議」

2. 拒絕異議的理由是有層面上的差異

→可分為「心理層面拒絕異議」、「實質層面的拒絕異議」

更絕妙的是心理層面的拒絕異議問題，都出現在溝通前或剛開始溝通時，拒絕的理由是心理還未接受或抗拒銷售，而給予的直接拒絕異議理由。這些拒絕異議都是「假問題」。假問題的處理方式，就是你不可以太認真處理問題，忽略、帶過或轉移話題都是可以運用的處理方式。

而實質層面的拒絕異議則都出現在銷售溝通後，可就要認真面對處理了，有泰半的問題就是「購買信號」，是真實的異議？問題，其問題的背後是希望我們一起協商解決這個問題，以完成購買可能性。另外泰半的拒絕異議則是銷售溝通失敗，表示銷售環節無法吸引客戶需求，或者是真無需求、已擁有該項（類似）商品或有親友賣該項（類似）商品等。

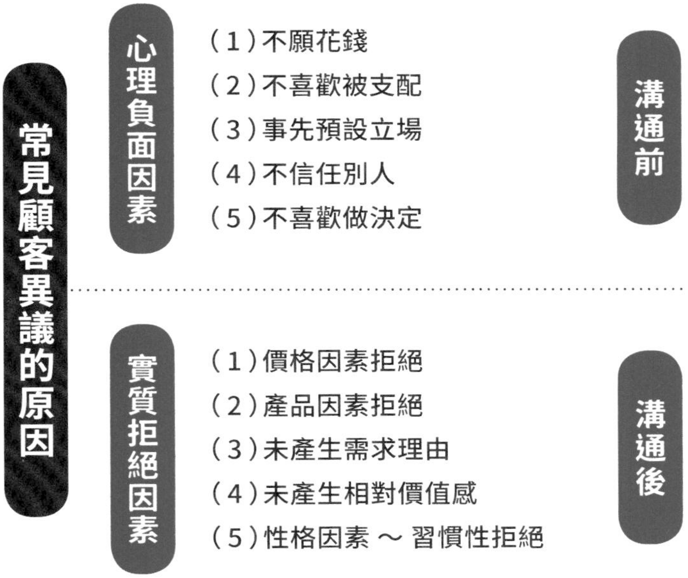

常見顧客異議的原因

心理負面因素
(1)不願花錢
(2)不喜歡被支配
(3)事先預設立場
(4)不信任別人
(5)不喜歡做決定
溝通前

實質拒絕因素
(1)價格因素拒絕
(2)產品因素拒絕
(3)未產生需求理由
(4)未產生相對價值感
(5)性格因素 ～ 習慣性拒絕
溝通後

常見客戶異議的原因

1.「溝通前心理負面因素拒絕異議」的可能回應：

@ 我沒錢、我不需要、我沒時間

客戶心理→先設立一道防禦線，給自己充裕時間避免壓力

心理因素可能有「不願意花錢」、「不喜歡被人支配」、「事先預設立場」、「不信任別人」、「不喜歡下決定」

銷售者應對之道：將第一次的拒絕異議轉換成溝通防線的合理默契

帶領話術→～忽略法～

→劉小姐，有沒有需要不是我找您的重點，我知道您懂保養品，您看這保養品的成分對美白的作用！我示範給您看……

→我知道劉先生不一定需要，但這是最新的生物科技產品，劉先生您只要看看我做的產品示範，如果不錯，有機會幫我介紹就行了，好嗎？

2.「溝通後實質負面因素拒絕異議」的可能回應：
@ 我考慮看看、我回去和家人商量、有需要再找你、太貴了！

客戶心理→ (1) 對商品有興趣，但無法確認需求必要性，以拖待變。
(2) 對商品有需求但不迫切，等待內心認定合理斡旋空間。
(3) 對商品無興趣無需求，或銷售環節不被吸引。

心理因素可能有「產品因素」、「價格因素」、「相對價值感」、「性格因素」、「未產生需求理由」

銷售者應對之道：將異議處理回歸各階段溝通點
帶領話術

→問題感受法：先處理心情，再處理事情
→陳先生，我能夠體會您現在的想法（立場），以前我也有幾位朋友，當初也都會有相同的感受，然而，他們還是願意接受我的意見，當然我也沒讓他們失望，而今，他們都是產品愛用者，所以……。

→情誼破解法：將客戶的異議視為坦白交心，而感欣慰狀
→很高興您能把心理的問題（困難）說出來，您讓我感覺，您就是真心的把我當朋友，其實您的問題表示我剛才沒有解釋清楚，真的很抱歉，那就容許我再解釋一次，這問題是這樣的……。

→問題限定法：將反對問題限定、鎖定，提供解決方法，再要求成交
→也就是說，您現在唯一的問題是「價錢」，如果我們共同將這個問題解決，您是不是就能接受這項產品呢？

拒絕異議處理階段，重點在判讀技巧能力，個案處理的越多，經驗次數也就越多，解決客戶異議？問題的能力就越強，這是「經驗值」累積的應變能力，有效整理拒絕異議成功克服個案，集結「答客問」是給個人或團隊最有效率的解決之道。

★祕笈 66★異議處理八大回應法

八大異議處理回應法

情誼破解法
問題感受法
如果法
逆轉法

問題正面回應法
問題利用法
問題限定法
問題自責法

異議處理八大回應法

1. 問題正面回應法：認同對方說法再舉出反論的方式

→ 如同您所說，它的價格和一般類似產品相比看似高了一些，但「堅持最好」是我們公司研發產品的訴求，我們在乎的是產品的成分、品質及客戶的使用滿意度，好的產品才能創造忠實客戶，所以我相信價值大於價格才是如您這麼精明的消費者最在意的，不是嗎？

2. 問題利用法：認同對方的說法，並加以利用的方式

→ 您說得不錯，它的價格並不是一般只要「便宜就好」的消費者可以馬上接受的，我相信每一項產品的創造都有設定消費層，而我們並非想要用價格大小通吃，我們只想滿足在意產品品質的客戶，就是因為這樣，我才會分享給您！

3. 問題限定法：將反對問題限定、鎖定，提供解決方法，再要求成交

→ 也就是說，您現在唯一的問題是「價錢」，如果我們共同將這個問題解決，您是不是就能接受這項產品呢？

4. 問題意外處理（自責）法：將客戶拒絕或反對，視為自己無法適當表達

→ 其實您的拒絕我一點也不意外，這麼好的產品，我居然講得不清不楚，連我自己都覺得無法說服自己，又如何可以要求您？只是這產品對您真的很有幫助，如果您能真的使用一陣子，絕對勝過我千言萬語。

5. 情誼破解法：將客戶的異議視為坦白交心，而感欣慰狀

→ 很高興您能把心理的問題（困難）說出來，您讓我感覺，您就是真心的把我當朋友，其實您的問題表示我剛才沒有解釋清楚，真的很抱歉，那就容許我再解釋一次，這問題是這樣的⋯⋯。

6. 問題感受法：先處理心情，再處理事情

→ 陳先生，我能夠體會您現在的想法（立場），以前我也有幾位朋友，當初也都會有相同的感受，然而，他們還是願意接受我的意見，當然我也沒讓他們失望，而今，他們都是產品愛用者，所以⋯⋯。

7. 如果法：將「但是」換成「如果」，感受大不同

→ 我能理解您的感受，我也曾經有不好的消費經驗，如果不是親身體驗，我也不敢相信我會來分享這麼棒的產品給您。

→ 您認為是這樣的呀！這也難怪，如果不是自己感受到產品對健康的明顯改善，我也會覺得產品感覺上貴了一些些，所以我建議您⋯⋯。

8. 逆轉法：用正面思考幫他下決定

我一定要現在購買嗎？（決定嗎？）

✓ 如果您覺得永堯值得您信賴的話，我一定會這樣鼓勵您！

✓ 您對產品還有什麼需要了解的嗎？如果沒有，就當下擁有它吧？

✓ 如果您認為這份事業值得努力，那我們就現在一起加油吧！

× 沒有關係⋯⋯當然是⋯⋯。

第九章

成交技巧篇

★ 祕笈 67 ★ 成交前哨站～常見的購買信號

成交前哨站：常見的客戶購買信號

語言上的購買信號	非語言上的購買信號
▶ 確認產品的使用方法	▶ 仔細觸摸產品或翻閱型錄
▶ 商品議價	▶ 放鬆肢體，尤其是雙手
▶ 挑剔商品的缺點	▶ 突然眼神集中一焦距，且神情專注
▶ 詢問其他購買者的使用	▶ 不斷地點頭認同
▶ 詢問你的意見	▶ 身體逐漸前傾
▶ 使用「如果……的話」之語言結構	▶ 顯現愉快開心的表情
▶ 要求再示範或解說	▶ 查看皮包、皮夾
▶ 向你詢問市場有無相似商品	▶ 眼神發亮、專注產品
▶ 要求保證	▶ 手指來回搓弄（評估思考）
▶ …………………………	▶ …………………………

提高觀察購買信號的能力

一個優秀的銷售者，一定要掌握成交時機，所以有必要具備敏銳的**「觀察力」**，我們必須要知道：

客戶的「購買意願度」的提升作用，通常是在「購買信號」出現後，強化「購買動機」所產生。

所謂「購買動機」，就是「給自己購買該產品的充分理由」。

而「購買信號」是銷售者決勝觀察點，通常「購買信號」分為
「語言購買信號」與**「非語言購買信號」**。

銷售者必須懂得接受信號與有效判讀或解決客戶可能的購買疑慮。

一、「語言購買信號」

1. 詢問產品的使用方法。
2. 詢問產品的價格或議價。
3. 詢問產品售後服務及相關保固維修。
4. 詢問產品使用效果見證或資料。
5. 詢問其他（欲）購買者的意見。
6. 詢問銷售者並且希望給予建議。
7. 使用「如果……的話」的語句結構。
8. 要求再示範或解說。
9. 向你詢問市場有無相似的產品。
10. 要求產品效能保證。
11. ……

二、「非語言購買信號」

1. 仔細觸摸產品或翻閱型錄。
2. 溝通過程放鬆身體，尤其是雙手。
3. 突然眼神集中一焦距，且神情專注。
4. 不斷的點頭認同。
5. 身體逐漸前傾，且眼神更專注。
6. 顯現愉悅開心的表情。
7. 查看皮包、皮夾。
8. 眼神發亮、專注商品。
9. 手指來回搓弄（評估思考）。
10. 對你的態度變好，微笑變多更自然。
11. 突然沉默下來，表現出一副若有所思的樣子。
12. ……

以上列舉出客戶購買前，釋放的購買「語言」+「非語言」的購買信號，當然還不僅如此，所以銷售者的察言觀色能力極為重要，必須付出更多的努力。

但值得注意的是，「語言」的購買信號出現時，表示客戶已經有較明顯的直接購買意願度，且對產品是有興趣的，而他提出來的任何疑問，只是在等待我們給他內心期待的「標準答案」，所以必須認真「聽」客戶發出的問題訊號！朝著他期待的「標準答案」此一目標回應，即使「雖不中，亦不遠矣！」只要與客戶再折衝協調，成交機會必定提升不少。

而「非語言」的購買信號出現時，大多客戶心裡存在的內心訊號是：「這真的是我需要的嗎？」「這東西好像還不錯！」「這東西應該實用吧？」「這牌子應該還行吧？」「買這個回去，應該不會被罵吧？」
當這些非語言的購買訊號出現時，通常是客戶在內心自我對話，其實就是一種自我説服的表徵。相對而言，有思考表示有興趣，建議你不要馬上打斷他自我對話的思緒，給他一點思考時間，我們只要給他一個點頭微笑，表示你有關心他、注意他即可，通常最後客戶可能會有三種反應：
一、客戶直接轉換「語言訊息」，我們直接回應接收問題即可。
二、客戶依舊若有所思，無任何回應時，此時我們就該適時地微笑說一聲：「有什麼需要我服務的地方嗎？」。
三、客戶最後放棄思考或選擇放棄，想要掉頭就走，此時我們還是要微笑說一聲：「其實我真的很想跟您說……（建議購買理由）要不要再想一下……」。

關注顧客購買過程的階段性變化，比如注意力的轉移，言語、語氣的變化，及時抓住這些變化所帶出的購買信息，迅速達成交易，那麼業績增長也就指日可待了。

★ 祕笈 68 ★ 山峰促成理論～多波成交點

多點成交＞單點成交

銷售流程分為五個階段，依序為「取得信任階段」、「建立需求階段」、「產品說明階段」、「異議處理階段」及最後的「促成階段」，這就是標準的銷售流程的順序排列。

用來相對應客戶的
「注意」→「興趣」→「揣摩」→「慾望」→「比較」→「確信」→「決定」等七個心理流程階段，引導為製造消費者的

「引起注意」→「產生興趣」→「想像揣摩」→「提升慾望」→「商品認同」→「取得確信」→「決策允諾」的回饋反應。

如果以此概念分析，「成交」理所當然是放置在最後第五個階段才做處理，真的是如此嗎？如果你回答「是的」話，

那你會發現，你每一件 Case（個案）所**花費的時間都很耗時，甚至於拜訪多次還是回到原點，必須重新再啟燃點**，而且這將會是你銷售動態中的困擾點，
最重要的是花那麼多的時間，成交值只放在最後促成的「Yes」or「No」的一次性選擇的命運做終了！

這注定是時間成本效應極差的銷售模式！
導致你的成交量也難以擴大突破。

山峰促成理論～五倍成交術

如購買心理曲線圖所示，我把銷售流程的五個階段先分為三個區來做說明：

一、警戒區：客戶對我們和商品都還在模糊未知狀態，隸屬冰點、冷點，沒有交流、沒有情感也沒有人情壓力所在。以流程而言歸屬「取得信任階段」，此階段打破防心是我們應變之道，也就是培養信任基礎，「它」是銷售流程最耗時的階段，泰半的陌生客戶在此直接陣亡。如果能通過警戒區升化熱度，後來成交機率自然大增。在警戒區內成交值幾乎是零。

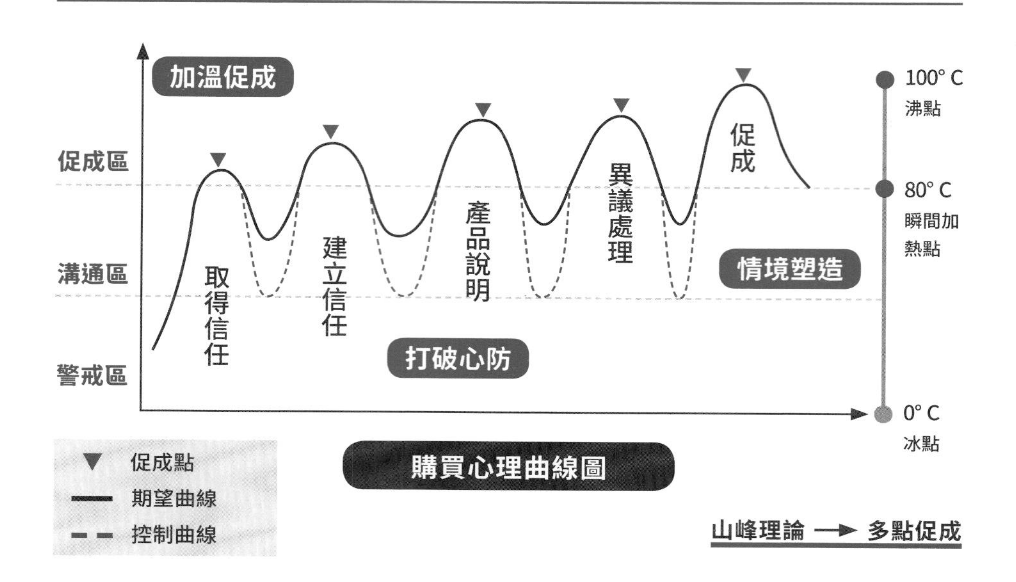

二、溝通區：通過警戒區就代表對銷售人有起碼的信任基礎。也代表銷售流程就已經過半，此區銷售者作為是蒐集資訊放大需求和產品願景的情境塑造。此區有一定的感性成交溫度，是銷售的升溫區，但客戶的理性思維有可能成交變阻礙。

三、促成區：加溫沸騰區，如果前面銷售流程都順利，此區的時間佔比只需 1/10，就是協助客戶完成購買程序動作而已，怕的是前面的客戶異議？沒有解決就貿然進入此區，或不懂得判斷客戶的成交訊號而誤失良機，導致溫度驟降，成交失敗收尾。

此三區的概念是判斷銷售的溫度和我們銷售該做的適合作為。如果對一個純白新生客源，慢慢加溫熟成是正確的，如果你連與你熟識的親朋好友都這樣做的話，就有點本末倒置了，就好像把剛炒好的熱飯放進冰箱，讓人摸不著頭緒，也搞不清楚我們到底想幹些什麼？

銷售最大的成交市場就是「緣故對象」，是你能喊出名字，而他也能喊出你名字的人。
銷售流程中的「取得信任階段」所要開發經營花費的 40% 時間，你已經可以省略了，
我們其實可以快速增溫到說明和成交階段，
「更要把成交點由原本的一次成交機會可能，擴大成五次的成交機會點」，也就是要把成交機會放大五倍，加速你的成交速度與機會。

再以圖示中的「期望曲線」控制在溝通區和促成區區間，不要把銷售溫度曲線降到警戒區，讓銷售曲線波段高點都集中在促成區的高點，形成一次次的成交點，當然你要完成高波段的成交次數，銷售的話術必需經過演練設計，我們就來看看該如何做話術設計，以下示範：

話術帶領示範

1. 取得信任的成交波段高點話術～

「淑媛我跟妳說個消息喔！我昨天從廠商那搶到搶手貨，只搶到七組，妳看，就是這個，漂不漂亮！」

話術註解：

→「淑媛我跟妳說個消息喔！」表示我和淑媛有一定的朋友信任關係。

→「昨天從廠商那搶到搶手貨，只搶到七組。」表示我搶到限量搶手貨。

→「妳看，就是這個，漂不漂亮！」秀出產品、說完此句後停滯 3 秒，如果對方驚喜詢問商品就是第一成交點，如果沒有太明顯反應，立即進入第二波段話術～

2. 建立需求的成交波段高點話術～

「它不是只有外表漂亮流行而已呦！它更是很多模特女星瞬間膚色漂亮年輕的祕密武器喔！」

話術註解：

→「它更是很多模特女星瞬間膚色漂亮年輕的祕密武器喔！」

強調產品熱賣原因及需求理由，說完此句後，一樣停滯 3 秒，試探對方的對產品興趣提升度，興趣明顯提高就是第二次成交點的機會，如果反應不明顯，立即進入第三波段話術～

3. 產品說明的成交波段高點話術～

「主要是它一支三用：防曬、遮瑕還有調控膚色，妳看我今天的臉是不是挺漂亮自然的！妳喜歡嘛！」

話術註解：

→簡單的介紹產品功能及效果就好（興奮度），不要長篇大論流於理論（性）。說完此句後，一樣停滯 3 秒，試探對方的對產品興趣提升度，興趣明顯提高就是第二次成交點的機會，如果反應不明顯，立即進入第四波段話術～

---

4. 異議處理的成交波段高點話術～對方回：我考慮一下？我想想看？
「好呀！重點是妳喜不喜歡！要不要幫妳保留？還是先給別人？」

話術註解：
→「好呀！」先認同她的想法，千萬別說「還考慮什麼？」的強迫勉強說詞，即便成交，都有勉強不舒服的感覺。
→「重點是妳喜不喜歡！要不要幫妳保留？還是先給別人？」
強調好產品不多，很多人想要，因為好朋友我就先幫妳留下來，還是妳不確定想要，那就讓我先給別的客戶吧！（利用「怕買不到」的損失心理）

5. 促成階段的成交波段高點話術～
「淑媛，其他東西我不會勉強妳，但好朋友這個東西我鼓勵妳拿回去用，妳之後一定會感謝我的，好朋友我再多送妳一個……就這樣，好不？」

話術註解：
→「淑媛，其他東西我不會勉強妳，但好朋友這個東西我鼓勵妳拿回去用，妳之後一定會感謝我的。」
因為是好朋友，我以專業角度建議妳拿回去用，我有信心妳會感謝我現在的一點勉強（突顯專業自信和對朋友的關愛）。
→「好朋友我再多送妳一個……就這樣，好不？」
好朋友就是有福利，重點是**「就這樣，好不？」**幫她下決定！

山峰促成理論也就是一種多波段成交高點技巧，創造五倍成交次數，快速提高成交機率，唯一要求是做到銷售話術必需有經過演練設計，高手成交必定是你。

★祕笈 69★十二個成交法則

「漂亮成交」從銷售的三件事做起

1. 走對的路？→ 計畫你成交的途徑
2. 找對的人？→ 找到你的最佳對象
3. 說對的話？→ 練就一套有效話術

十二個成交法則話術示範

成交技巧 1.：問題歸納成交法
運用時機：將客戶溝通過的問題，重新列條整理首尾。
目的效果：表示重視及有效解決客戶問題及疑慮，促成銷售。
示範話術：
我再重覆您之前在意的三個問題，第一是……第二是……第三是……，不曉得我剛才的解釋劉小姐是否滿意？（還不錯）感謝劉小姐，那我就建議您先使用這套產品，好嗎？

成交技巧 2.：起死回生法——討教失敗法
運用時機：態度良好客戶的委婉拒絕時。
委婉拒絕通常狀況大多發生在溝通過程，客戶尚未進入產品興趣需求狀態。討教失敗法會讓對方也會思考自己是不是也過於直接或殘酷，而重新再給機會機率不小。
目的效果：
1. 讓客戶給我們失敗的答案，別重蹈覆轍。
2. 讓客戶重新思考，並面對尷尬處理。
示範話術：
我覺得劉小姐是非常優質良質的客戶，但礙於我拙劣的口才，笨拙的行銷技巧，既然無法把這麼優良的產品分享給您，我必須承認失敗，心裡雖然有些難過，但為了在未來不要再犯同樣的錯誤，我希望您能告訴我這次失敗的原因，好嗎？

成交技巧 3.：幫他下決定成交法
運用時機：面對客戶決定猶疑，拿不定主意時。
目的效果：給客戶安定的承諾。
示範話術：
(1) 劉小姐，這套西裝絕對適合您先生的氣質，生日禮物本來就是要給驚喜，像您這麼有心，先生一定感受得到，相信我！就這一套，您的眼光不會錯的！我會幫您燙得漂漂亮亮的！
(2) 淑媛，其他東西我不會勉強妳，但好朋友這個東西我鼓勵妳拿回去用，妳之後一定會感謝我的，好朋友我再多送妳一個……就這樣，好不？

成交技巧 4.：期待語收尾法
運用時機：客戶不排斥或有些興趣，但心態猶豫、游移時。
目的效果：期待語調法的二種作用——
1. 協助客戶下承諾。
2. 客戶會有滿足我們慾望的心理傾向。
示範話術：
(1) 我希望有為您服務的機會，好嗎？
(2) 我們期待您的加入，好嗎？

行銷技巧 5.：第六感鎖定法
運用時機：有質感的客戶，且雙方感覺都有好感。
目的效果：讓對方為拒絕產生情感壓力。
示範話術：
劉小姐，其實不知道為什麼，我心理一直有一種感覺，您（我們）一定會成為我服務的優質客戶（事業的最佳夥伴），我喜歡這樣的感覺，所以，我會如此努力，不願讓這樣的感覺幻滅落空。劉小姐，我是不是真的有這樣的機會呢？

行銷技巧 6.：錄音存證法

運用時機：不是很熟悉的客戶，但對產品看得出喜好度，卻下不了決定。

目的效果：讓對方驚訝及感受分享的真誠。

示範話術：

劉小姐，這產品您真的可以安心使用，為了讓您放心，我把剛才我說的使用介紹、產品保證及售後服務都錄音存證，這錄音（檔）請您保留，我是出自內心的誠意，除非您覺得我不值得信任。

成交技巧 7.：「損失」成交法

運用時機：給客戶當下沒買，機會就是別人的損失壓力。

目的效果：人越是得不到、買不到，越想得到它、買到它。

示範話術：

淑媛我跟妳說喔！我昨天從廠商那搶到搶手貨，只搶到七組，妳看，就是這個，漂不漂亮！我有幫妳留一組，妳看要不要？還是先給別人？

成交技巧 8.：感動服務法

目的效果：在對方最需要關懷時，讓對方感動，收買忠誠。

例如：生病住院、失意、失戀。

舉例：曾經有一位直銷商欲推薦一名新朋友，三年不能如願，有一回這位新朋友，生病住院五天，這位直銷商，連續五天，早、午、晚餐，都親自熬湯燉補，送到醫院，你說這位朋友會不會感動？

成交技巧 9.：情誼破解轉移法

目的效果：將客戶的異議視為坦白交心，而感欣慰狀。

示範話術：

很高興您能把心理的問題（困難）說出來，您讓我感覺，您就是真心的把我當朋友，其實您的問題表示我剛才沒有解釋清楚，真的很抱歉，那就容許我再解釋一次，這問題是這樣的……。

成交技巧 10.：假設購買成交法＋二擇一選擇

運用時機：客戶購買意願明顯，但仍然若有所思時。

目的效果：跳過客戶不必要的過多拒絕思考，語調則不能過慢，帶動客戶與我們的思維連結。

示範話術：

如果您買回去之後，記得……（產品使用方法、注意事項），有問題記得打電話給我，那您要先帶一套還是二套呢？

成交技巧 11.：專屬特惠成交法

運用時機：針對有能力的客戶或高單價商品。

目的效果：客製化的專屬 VIP 優惠，促使顧客有被重視的優越感。

示範話術：

劉小姐，我剛把您的案子呈報給我們主管，我們主管同意把他的三個優惠權限挪一個 75 折給您的案子使用，也就是說這套產品將以 VIP 的貴賓價格報給劉小姐，真的要恭喜劉小姐！

成交技巧 12.：感情（寵物）成交法

寵物成交法來源於一個小故事：一位媽媽帶小孩經過一家寵物店，小男孩看到一隻狗狗要媽媽買，但媽媽怕小朋友只是一時興起，不願買給小朋友。店主發現後就說：「喜歡的話，就先把小狗帶回家吧！讓小朋友和狗狗相處幾天再說吧？」幾天後這隻狗狗受到全家寵愛，媽媽最後買下狗狗！

以上十二個成交法則，依運用時機、目的效果、示範話術，模擬轉化到你的現實個案，研擬出你個人專屬的成交話術集錦。

第十章

創意銷售戲碼篇

★ 祕笈 70 ★ 創意銷售戲碼（一）銷售就是人生主導的戲碼

人生戲碼老天安排；銷售戲碼自己主導
最佳男女主角就是你

「人生戲碼，或許是老天的安排；銷售戲碼，卻可以由我們自己主導」，你可以是導演、你也可以是製作人、你不一定要很帥（美），卻可以自己擔綱第一男（女）主角，盡情的將劇情無限延伸。

個人銷售市場的成功，大多是透過無數的挫折失敗堆砌而成，而且通常終究會練就一套闖蕩江湖獨門絕學本事，所以沒有時間、經驗的累積，要成為個人銷售的翹楚，是難以造就的。

在銷售領域，個人銷售的路線（套路）、（戲法）雖不盡相同，
但**「抓住客戶的心」、「抓住客戶的目光」**，
卻是有許多銷售戲碼（故事）殊途同歸的銷售吸引法則。
銷售是一種互動的「感覺」，有可能因人而異，也沒有一定的標準銷售流程（SOP），也沒有絕對的成功銷售技巧或模式，而從**「模擬」→「揣摩」→「複製」→「套用」→「轉換」**中找到自己專屬的銷售感覺和味道。

「銷售無處不師父，拐個彎兒出師傅」
我個人相當鼓勵銷售夥伴，多觀察各行各業個人銷售的成功者，他們是否有著一套成

熟的銷售技巧或模式？我們也許也會觸類旁通，找到未來成功的另一扇窗口。
透過銷售故事（技巧），也許……你會找到「感覺」。

午後雷陣雨的浪漫

在台北的夏天，午後迅急的雷陣雨，常常讓人捉摸不定。阿志是一位保健食品銷售者，過去只要碰到下雨天，他心情就容易受到天氣的影響，常常猶豫要不要出門拜訪客戶。

有一天正午，他走在路上，突然天空下起了一陣急遽的午後雷陣雨，只因沒帶傘，帥氣的西裝也難逃幸免，濕漉淋漓、狼狽不堪，他只能無奈的躲進大樓騎樓下，喃喃自語、怨聲載道，總覺得自己很努力，老天爺還要如此捉弄他，毀了他整個下午的拜訪行程，心中滿是不平。

或許是老天爺聽到他的抱怨吶喊，給了他一個轉念開竅的機會，因為他看到在騎樓下與他同病相憐的又何止他一人，心理就稍可平衡寬慰，他也注意到有些上班族午休時似乎沒帶傘，卻被雨擋在騎樓，心急如焚的不斷看錶，這一幕改變了他對雨天原本不悅的認知。

他靈感一動，決定要抓緊老天爺給的機會，於是他跑到雨傘工廠訂了一百把雨傘，並且在手把處貼上自己的姓名電話貼紙，所有的準備只等待午後雷陣雨的到來。
於是他的陌生開拓的戲碼～
就在烏雲急遽的午後展開，此時他會開著車子巡街，只要看到被雨擋在騎樓落單的女子，就會將車開過女子的面前，再倒退停車，於是瀟灑的開起門，到後行李箱拿出一把雨傘，走到女子面前說著：「小姐，雨這麼大沒帶傘是嗎？這把傘妳就拿去用吧！」說著他就帥氣的轉身掉頭準備離開，此時你知道這位女子會說什麼？
「等一下！先生，我傘要怎麼還你？」
於是他又率性掉頭接著說：「不用了！就送給妳了吧！」
女子又說：「我一定要還你傘啊！」
最後他說著：「雨傘的手把上應該有我的姓名貼紙，如果妳要還傘，就打電話給我吧！」

同樣的戲碼，不斷的在「阿志」的陌生開拓上演著，彷彿是社會型的男主角，而女主角則每天都在更換，一樣的劇目，連女主角都像是背過台詞似的說著一樣的對白。
他曾經統計過，有六成五的女主角是會主動打電話來還傘，最終總有個兩成多會成為他的客戶，所以陌生開發並不可怕，還有可能讓陌生開發也可以浪漫有趣，你會想嘗試嗎？

★祕笈 71★創意銷售戲碼（二）「忠誠度」來自內心「認同默契」

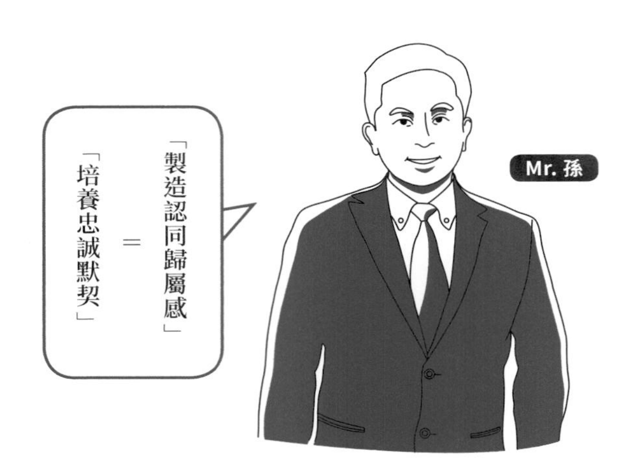

心中寄託的彩券行

你有買過樂透彩的經驗嗎？

你會習慣固定在哪家購買彩券嗎？

是不是和一般人相似，累積幾期頭彩「摃龜」，才激發購買意願，

至於哪一家買，似乎不是那麼重要，只要好停車、只要剛好路過、只要剛好想到，就可能在任何一家彩券商店下單，至於中不中獎就丟給老天爺處理了。

在桃園某個眷村聚落，有一家經營樂透彩的老劉，正苦惱生意沒有達到銀行要求門檻，如果業績再不提升，可能經營資格會提前喊停。

老劉為了苦思改變之道，也認真觀察這個眷村另二家彩券商店生意為什麼都比他好很多，最後他歸納幾個結論：

一是他們都位居眷村出入要道，

二是一家本身是雜貨店有他的主顧客、

另一家則是有一對嘴巴很甜的雙胞胎女兒，

而自己的店則是位在非交通要道的籃球場邊，難怪生意不好。

但知道這樣的結論又不能改變現況。

直到有一天老劉把難處告訴他一位來訪的朋友，
他朋友給了一個建議，短短的一個星期，業績馬上由谷底翻身，
一年後還獲得銀行頒發榮譽示範店的殊榮。
老劉究竟做了什麼改變呢？我們不妨來看看他朋友的創意吧！
他的朋友聽到老劉的難處後，只是簡單端詳店面的環境，
就告訴老劉說：
「如果要求你每天堅持一件事，只要沒下雨就不能中斷，你做得到嗎？」
老劉回應：「只要能把生意做起來，我都願意！」
於是他的朋友請老劉準備一支旗桿，插在他家二樓屋頂，
要求老劉每天早上 7：30，準時帶著家人在家門口，用正式肅靜的態度舉行升旗典禮。
「山川壯麗、物產豐隆、炎黃子孫……」，音響傳出來國旗歌的悠揚樂章，霎時眷村大多的目光瞬間都往此集結，也都停下匆忙的腳步，向冉冉上升的國旗行注目禮。
就這樣，每天早上升旗，傍晚降旗，一個星期下來凝聚他們的內心久違的革命情感，
就這樣，老劉的店，變成許多榮民伯伯閒話家常、打打衛生麻將的聚會場所。
聽說到幾星期後，升旗典禮總有個三、四十人固定參與，假日更是熱鬧，彷彿就像村民聯誼活動。
老劉的店從此對大多的眷村住戶而言，它不只是一家彩券行，它更是內心深處情感的寄託，它抓住他們的心。想當然爾，老劉的彩券生意自然有了明顯的改變。

製造**「認同歸屬感」**，與每個客戶都有某個內心不用說出口的**「忠誠默契」**。
如果你銷售的對象有一定的目標群，或者你過往來自何種族群職業，你周遭有何族群團體，都可能是你可以設定開發的對象群體，先了解我們的產品或個人能否有著他們共同期望的連結，也許是他們的「需求點」、也可能是「困難點」，
讓客戶覺得「你懂他們」，真能找得到他們共同的「需求點」，你面對的客戶就不是「個人」而是「群體」了。

★祕笈 72★創意銷售戲碼（三）踐踏董事長名片

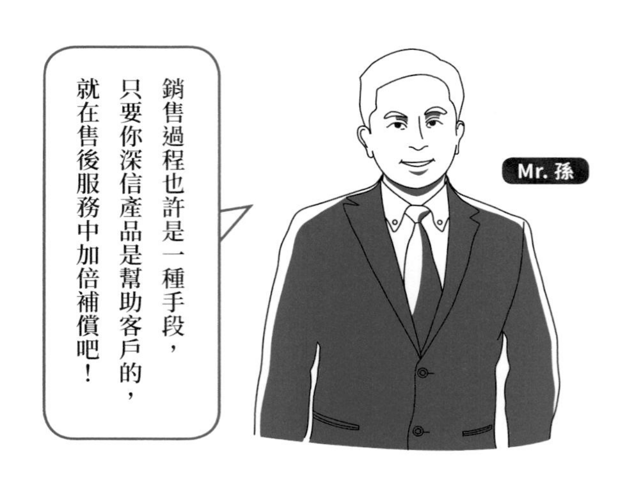

創意，化不可能為可能

你曾經想開發有社會地位卻不易拜訪的董事長、總經理，民意代表等等嗎？

如果沒有關係、沒有交情，別說拜訪，連電話都打不進去，你越是積極努力，你的挫折感就越感沉重，殷勤柔軟常是碰一鼻子灰的無情回應。

如果你也心有戚戚焉！先別懷憂喪志！也別放棄這群優質族群！不妨來看看別人是用什麼創意辦到的？

劉明志是一位優秀的金融理財專屬顧問師，他有強勁的業務特質，一天沒有打拼個十四個小時，就無法安心入眠，他不像公司其他同事，只要安分的坐在辦公室，依靠公司提供的名單資源，撥撥電話，或等待公司排序的客戶服務就心滿意足，他常利用工作的空檔或下班時間，努力開發客源、打入各種社交圈，盡可能的交換些董事長、總經理的名片回來，一年來累積了一、二百張名片。

但是拿到名片似乎沒有任何意義，實際不如想像那般順遂，沒有一位董事長、總經理能夠親自接到他撥出去的電話，全被秘書擋架於外，沒有一件能開發成功的，挫折、阻礙困擾著他，甚至於懷疑過自己是不是「不安於室」、「多此一舉」。

在他最後一次灰心之際，再度翻閱辛苦掙來的名片，想做最後一次巡禮瀏覽，然後割捨丟棄，正在難過翻閱時，有一張名片不小心掉落地上，當他要撿起來時，一看到名片上「董事長」的頭銜，心中就有一肚子怨氣，心想反正也見不著面，就用腳跟狠狠的踩兩下再轉二下，嘴巴還喃喃著：「董事長都不是人！」
消完氣後，正要低身撿起名片時，他的腦袋瓜裡突然擬好了一封信，大概的意思是這樣：

賴董事長你好：

在偶然的一次機會下，我在大安路的電話亭地上拾起一張名片，拾起一看，貴為董事長之尊的您，居然在地上讓人踐踏，心實有不忍，本想親自送還，礙於本身從事金融專屬理財服務，身分略顯曖昧，所以直接寄還予您。不禮貌之處，還望海涵諒之！

晚輩

劉明志　敬呈

這是他孤注一擲的最後希望，將這簡單的一封信寄了出去。然而就是這樣的一封書信、一分誠意，一個也許不可能的事卻就此發生。

一個星期後的某個中午，他接到一通電話：「你好！你是劉明志先生嗎？我是……我們董事長要約你見個面，不知道……」
他掛上電話，久久不敢置信的狀況真的發生了，他把喜悅刻意藏在心裡，深怕又是空歡喜一場。

依地址赴約當日，才知道賴董的傢俱公司是一間頗具規模，且擁有二百多名員工的傢俱製造集團，當他被秘書引領到賴董事長辦公室門口前，就看到賴董已經在門口等候他，一看到他就說：
「你是劉先生，明志哦！來！裡面快請！」，
還親切的搭起明志的肩，招呼他沙發入座。

喝茶間賴董又說：「明志，今天找你來，主要是對你有些好奇，想看看你長得是不是和我想像一樣；再來就是要感謝你！要不是你，我還不知道，我的名片在外面是如此被踐踏著。真是要謝謝你啊！」

接著又說：「今天看到你，我真的很開心，我喜歡你這個年輕人，看到你彷彿看到年輕的自己，算是我們有緣吧！我知道你是理財專屬顧問師，我想支持你，你說說看，我該如何成為你的客戶！一年固定投資 300 萬！你說行嗎？」

臨行前賴董又叮嚀著：「明志！我把你當自己弟弟看，有什麼需要我幫忙的，不要客氣！你很優秀，你會成功的，賴大哥不會看錯！加油！」
霎那間明志的心是感動的、血是沸騰的。
他很想勇敢的大聲說：
「賴董事長！對不起！那兩個腳印其實是我自己的。」
但又怎麼能說出口呢？

而且賴董後續還幫他介紹不少客戶。
這份情只有更加努力服務來報答賴董了。

這是一個化名的真實故事，過程是有些過分、不厚道，但如果沒踩個兩下，他真的就可以見到董事長了嗎？**過程是一種手段，只要你深信產品是幫助客戶的，就在售後服務中加倍補償吧！**
（看完這個故事，別急著踩遍董事長名片，董事長不太多的，否則遲早破功。只是要你參考別人的個人銷售創意。）

★祕笈 73★創意銷售戲碼（四）瞬間信任法

守時重承諾

銷售的五個（取得信任、建立需求、產品說明、異議處理、促成）循環中，取得信任階段最難也最耗時，尤其陌生市場開發，八成的失敗都是在「取得信任階段」。

無門（心門）而入，客戶大多都是應付了事（心門可能從來就沒開過），最終「苦守寒門未開時，壯志未酬鎩羽歸。」

陌生市場開發需要相當的開發量，好不容易十中得一，有客戶願意接受我們的拜訪，第一次的見面絕對是未來勝負的關鍵，許多銷售者都知道要給對方好的第一印象，差不多都會在儀態舉止下些功夫，但這樣就真的足夠了嗎？
我們真的就會與其他競爭者有明顯差異了嗎？
如果我們的臉蛋又先天欠協調，豈不是更加艱困辛苦嗎？

如果你真的有上述的壓力與挫折的話，真的很抱歉，外表我是沒有辦法幫你改變了（相信我，這不是重點），外在可以靠衣裝，但內在可是要看內涵修養了。

這裡有個小小技巧想提供給你，你就直接照我的方式做做看，如果有不錯的成績，就大方的多介紹這本書給夥伴，我就會銘感五內、感激不盡是也！

這個技巧是「守時重承諾」的運用，它會讓你創造比較上差異，也會讓客戶提早幫你打上好分數。

當我們有機會拜訪較陌生的客戶時，我們在電話這一頭，常常邀約的口吻，似乎都是說著：「只要 20 分鐘就好！」這是不是我們常輕易說出，卻未必做到的收尾口吻呢？

你或許會馬上告訴我，客戶都不會在時間限定上下逐客令，但這也不表示說他多給你時間，就是接受你的銷售認同吧？是嗎？其實你跟其他同業的競爭者，也並沒有太大的差異。

勇敢的做做看吧！當拜訪 20 分鐘時間一到，看一下手錶，禮貌中感到可惜的口吻說出：

「劉小姐，20 分鐘已經到了，我還能再耽誤您嗎？」

這是一個相當高尚的銷售行為，它會讓客戶當下感到詫異，想著我們難道為了信守承諾，而不怕失去當下的機會，客戶在內心為我們堅守承諾而加分。其實你真的不用擔心，客戶會讓你過去，對你也是會有所好奇，他會讓你過去，絕對預留大於 20 分鐘的時間給你，一個信守承諾的互動，你已經創造贏出的差異空間了。

★祕笈 74★創意銷售戲碼（五）打開心鎖創造話題

強化關鍵第一印象（話題、感覺）

在銷售開發的領域裡，如何讓對方對你產生強化印象～
最好的方法就是
→讓對方在知道你的名字後 5 分鐘的交談。
→或者最少是 1 分鐘的強迫記憶，所產生的記憶連結。

所以不管是 5 分鐘或是 1 分鐘，戲法就看你個人創意的變化了，而通常習慣了那種開發技巧，熟練自然就成個人特色的看家本領，而且很容易就吸引別人的目光。

作者就曾經親眼目睹一位房屋仲介員，在他的胸前掛著一把用紙板做成的鑰匙項鍊，由於尺寸不算小，而且穿的是西裝筆挺，配上這玩意就是怪怪的，看到他的人都會因為搭配突兀，而忍不住多看他一兩眼，我猜測這應該就是他想引起對方好奇，抓住對方視焦，創造溝通話題的奇招。

我雖然只是在路上看到這位房屋仲介員（從胸前標章辨識），沒見識到他行銷的真本領，就連沒有與他交談的我，對他的印象都可以如此深刻，我肯定的認為，他絕對是位頂尖的房屋仲介員。
由於沒有機會了解，他是如何施展銷售魅力，我只能揣摩如果我是他，只要對方因好奇而詢問我為何懸掛這奇怪的鑰匙項鍊時，我就會逮住這個時機點，不管我是銷售什麼產品，都可以說出：
「劉小姐，我常以胸前這把誇張的鑰匙期勉自己、告誡自己，一定要幫忙客戶找到心目中理想的房子！用客戶心中的鑰匙，打開幸福家庭大門！」

「劉小姐，真希望透過這把鑰匙打開您的心門，讓正確保健（保養）的觀念深植您心，好讓辛勤忙碌賺錢的您及您最愛的家人，簡單就獲得健康（美麗）。」

「劉小姐，真希望透過這把鑰匙，發動您心儀的車款，讓我們的品牌能成為並滿足您對愛車心儀的選項。而這款『都市女子』系列，就是針對都市上班女性的需求研發出來的，您看……」

不管我的想法和做法，是不是和他如出一轍，其實一點都不重要了，重要的是他能不能給我們一些不曾想過的方法，或是激發我們更新鮮的靈感，只要能做到這點，在我們心裡，他就是我們學習的良師了，雖然我們不曾認識他。

★祕笈 75★創意銷售戲碼（六）感同身受（瘦）

客戶的「自尊」永大於「需求」

瘦身產業是非常龐大的商機市場，但這塊市場的銷售者，常常做出要求需求對象「肥胖者」對號入座的「殘酷」銷售方式

譬如直接發 DM 給他們認為的需求對象，我更看過有瘦身產業的銷售者在大賣場設攤，免費替來往的「目標對象」測量 BMI 肥胖指數及檢測體脂肪，其實這是何等殘酷的對待。

彷彿你是在大庭廣眾下，
用手指著他說著：「胖子，你是不是該減肥了！」無疑是眾目睽睽下，傷了對方的自尊心。

你應該也在捷運、車站出入口看過，有人在胸口掛著減肥前後的對比照片發傳單，用意雖為良善，也希望明白告訴對方：「我可以，你當然也可以！」
但是成績似乎也都不太理想，因為你永遠聽不到對方心裡自我的無奈對話：「你可以做到，不代表我也可以做到！」「你一定要在大庭廣眾之下羞辱我嗎？」

更有甚者，用肥胖作慢性疾病的恐怖訴求，期望對方接受產品建議，這對「身材有分量的人」，都是一種不公平的對待。

「身材有分量的人」，沒有一個不想改變體型的，他們當然也都知道肥胖帶來的身體負擔與傷害，但他期望的減重過程是越少人知道越好，怕的是減重失敗的二次傷害。

所以「身材有分量的人」大多都是偷偷的在執行減重，而且一輩子都在想減肥的辦法！他就是不希望別人知道他在減重，如果你不相信你可以上網查詢，減重產品銷售量最大的市場，居然是開架式產品（開放式藥局）及第四台產品，原因就是他可以擁有自主性和隱私權，更不用擔心如果失敗面臨的尷尬冷諷。

網路是銷售瘦身產品很適合的平台，可以讓對方較無壓力下選擇產品。
我聽過有一位賣女性調整型內衣的女性業務人員，同時在報紙及拍賣網站刊登：
「本人因為十個月減重達25公斤，有80公斤時所穿著的××名牌二手衣一批割愛出售，全部八成新廉讓，若需求者歡迎來電詢問。」

你覺得會打電話來的是買衣服者，還是詢問她如何減肥者多？她不需要尋尋覓覓的找尋對象，就會有生意主動上門，是不是頗有創意呢？

從事銷售事業，本來就不該是一成不變，而應該是求新求變，而你的創意最好的出處是來自你的靈感，為自己培養創意的溫床，讓你的創意可以雋永無價。

★祕笈 76★創意銷售戲碼（七）開啟「物超所值」之門

價值 > 價格 = 便宜

你有去過美髮店洗頭的經驗嗎？
這家美髮店的做法，不知道你是不是也會心動。
它的店面前掛著非常醒目的紅布條，
上面寫著：「凡首次到本店洗頭客戶，送市面你現用洗髮精一瓶。」
你是不是覺得不太可能？如果真如它所說，你會不會嘗試先光顧它一次看看！

你別替老闆會不會賠本而擔心，其實這個行銷創意相當厲害，
真可說是一石二鳥，一則他可以創造出更多的新客源，二則他可以提高客戶連續消費達到十次以上。只要新客人一上門，店家就會詢問客戶習慣使用的品牌洗髮精，就會拿出一瓶客戶指定的洗髮精，請客戶親自打開，並且在瓶身貼上客戶專屬的姓名貼條，這家店唯一的要求是客戶得把專屬的洗髮精，寄放在專屬的陳列台（彷彿 VIP），不可以帶回，等到你下次來再用。

為了讓客戶有 VIP 的感受，在客戶第二次上門時，店老闆會要求上回服務該客戶的洗頭小妹、設計師會先略微大聲喊出「劉——」（拉長音），
緊接著所有人都會跟著一氣呵成喊著：「——小姐，歡迎光臨！」
才第二次光顧該店，就被這樣正式隆重的記著、喊著，還真的有倍受禮遇的感受呢！
而且這樣的行銷思維～
一來客戶可以放心的使用洗髮精（非大桶劣質品），增加對店家的信賴感
二來店家可以輕鬆掌握客戶十餘次的連續消費（約一瓶使用的量）
三來花一樣平價洗頭的錢，可是卻有 VIP 的禮遇

這樣的策略服務在婆婆媽媽口耳相傳的推波助瀾下，營業額當然就有倍數的提升。

★祕笈 77★創意銷售戲碼（八）視客如親——祝您生日快樂

重視客戶專屬的日子

你過年過節會送禮品（物）給你的客戶嗎？

不管你有沒有這樣做，至少過年、耶誕節總會寄張賀片給你的客戶和準客戶吧！？（傳訊息不算）

如果連這點你都沒做到，你還能在銷售界「政躬康泰」、「政通人和」，

如此你也算是銷售奇葩了，我們只能對你表示景仰崇拜之意，徒呼唏噓！

相對的，過年過節的禮數都顧及到，就能銷售無礙，一路亨通了嗎？

那倒也未必！現在是一個銷售競爭的年代，除了專業外，你還得**比速度、比創意、比服務甚至於是比交情**。

所以如何拉大與競爭對手差異空間，盡可能走在領先群，是銷售夥伴成功與否的重要關鍵。

現在是一個繁忙競爭的社會，繁忙的背後，讓人直接感受的是功利主義下的人情淡薄，和心裡期待的處處見真情，有著相當大的落差。

筆者是「五年級」末段班的年紀，還記得小學五、六級的時候，每一位同學的生日，都是重要的日子，壽星總會在家作東請客，即便是家常便飯，也都會把家裡布置一番，再請同學作客，而同學們也都會很慎重的到「三商百貨」挑選生日禮物（五、六級生應該都不陌生），生日的高潮就在許願切蛋糕後的拆禮物時間，每拆一個禮物就會得到寓於含意的祝福。

時間可以催人老，「三商百貨」也已經不再熱門，但小小世界裡的滿滿祝福，任憑時光久遠卻依舊溫情貼心。

你還會重視生日的感覺嗎？你有多久沒有得到生日的祝福了？曾經有一個殘酷的統計數據告訴我們，現今 30 ～ 45 歲人口中，生日時所收到的卡片平均張數僅有 1.5 張（商業簡訊不算），這代表生日的價值已經式微了，大家都是這樣過，生日應該不太重要了！

從事銷售服務事業的你，當大家都忽略遺忘時，你一定要好好掌握這樣的情緒空間，掌握專屬於客戶的這一天，讓他永遠記得你的感動。

有一位跑美容沙龍的保養品女業務，她不是美容師出身，也沒有顯赫的銷售背景，但她的業績卻總是名列前茅、相當頂尖。她闡述她成功的原因，不是如何和同業競爭專業，而是如何有效的在一年當中，把二百多個生日蛋糕，無預警的、準時的、親自的送到沙龍面前，她曾經打趣的說：
「我跑蛋糕店的次數，可能比跑美容店家次數還來的多些喔！」
生日一年只有一回，在這專屬個人的一天，給客戶一個意想不到的驚喜，
感動常常恆久遠！

★祕笈 78★創意銷售戲碼（九）客戶對你「堅持」的考驗

嫌貨才是買貨人

你有碰過拜訪無數次卻屢攻不下，但又不拒絕你再次拜訪的客戶嗎？
對你而言，這樣的客戶值得你再次拜訪嗎？
還是不要浪費時間，早早放棄是好呢？
我們常說：「嫌貨才是買貨人。」

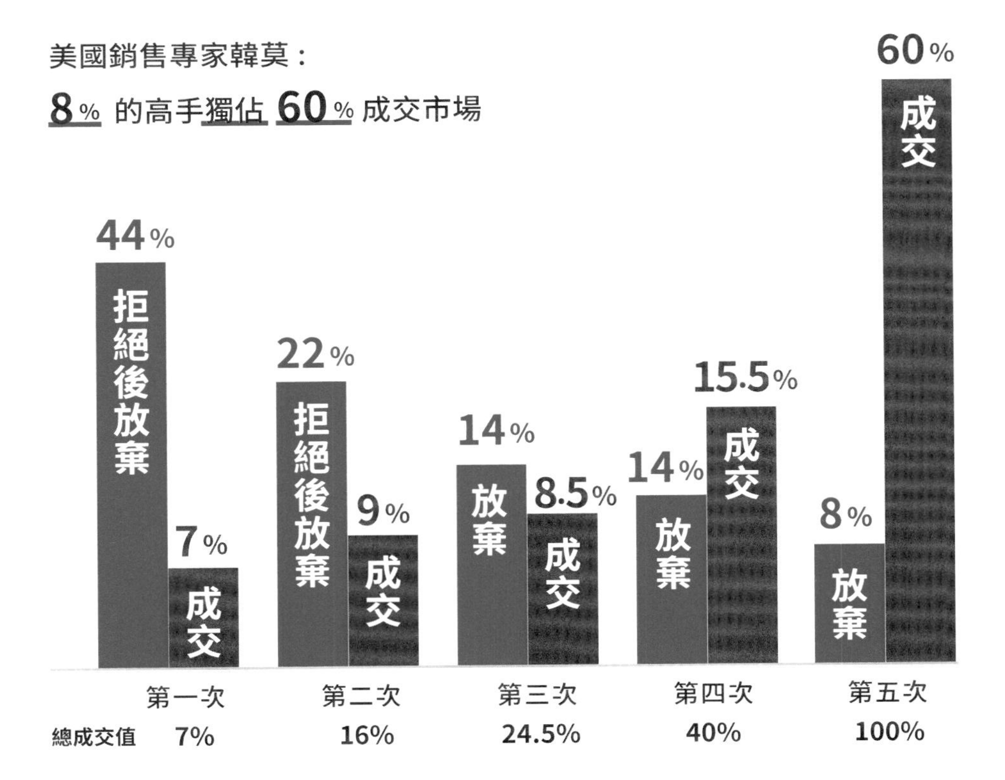

一位客戶的有效開發，五次的有效拜訪，是我們該堅持的，
因為你可以確信的是，如果客戶對我們或產品沒有興趣，
在前面一、兩次的面訪溝通中，一定會極盡全力拒絕我們的再訪，
三次以上的拜訪，拒絕我們的能量也會相對遞減，或許是我們積極的態度逐次增加情感的認同，或許是產品購買的理由逐次而加深。

「拜訪次數是客戶認識我們最直接的關鍵」，也是**「考驗我們售後服務最有效的方式」。**
劉光華是一位保險工作者，有一次透過客戶轉介，電話約訪了一位王姓老闆，劉員在電話約訪中，用他一貫的客套語說著：「王老闆，我只會耽誤您 20 分鐘！」劉員差點就因為這句話損失一位大客戶，我們就看看他是如何化險為夷，贏得客戶的認同。

約訪當日，劉員準時赴約，而王老闆也在辦公室等候他的到來，劉員一進辦公室，因初次見面，加上王老闆表情有些嚴肅，辦公桌前對望而坐，氣氛有點尷尬僵化。

於是劉員為了挽救氣氛，就拿出業務員的看家本領，左寒暄、右讚美，一會稱讚辦公室的典雅裝飾，一會言及介紹人對王老闆的稱許。
不一會功夫，只見王老闆拿起劉員一進門就放在桌面的手錶說道：
「劉先生，20 分鐘已經到了！我還有事要忙，如果沒別的事，你請回吧！」

劉員一臉錯愕，想想重點都還沒提及就遭逐客令，心雖有不甘也只能莫可奈何，他帶著若許惆悵的臉龐站了起來，退到椅後兩步，強擠一絲笑顏，非常禮貌的深深一鞠躬，感謝王老闆給予的拜訪機會，遂轉身欲離開辦公室。

就在轉身的剎那，王老闆突然叫住了劉員說：**「你回來啦！你們每一個做業務的喔！都是那一張嘴，你也一樣，沒有本事 20 分鐘說到重點，就不要隨便說說。你剛才那個鞠躬讓我覺得我有點殘忍，你轉身的背影看起來也有點可憐，你給我聽清楚，我再給你 20 分鐘，你給我講重點，知道嗎？」**

這劇情的驟轉變化，讓劉員更加緊張的 20 分鐘不知所云，王老闆就叫他下次再來，接著二、三次一樣打回票，四、五次是嫌他這個眼神不對、那個坐姿不對，第六次沒批評什麼只是叫他下次再來，第七次王老闆主動打電話叫他再過來，劉員心裡其實已經想要放棄，但又不知該如何拒絕，心想就當作最後一次挨罵吧！
誰知一進王老闆辦公室，王老闆一反威嚴常態，客客氣氣的招呼劉員，說道：**「上次你來的時候，本來是要向你購買保險，但你打的建議書我弄掉了，想說找到再約你來，但我怎麼找都找不到。不好意思，光華，你是那家保險公司的啊？」（原來客戶並不在意他是那家公司）**

接著又說道：**「這幾次下來，你每每都被我批評，而你都能耐住性子，其實我每一次對你的要求，是希望找到我心目中的業務員，而今你做到了，我當然願意把我的保險規劃交付給你。」**。

做為一位銷售者，你必須了解，客戶如果不願意，是不可能一而再的跟我們見面，之所以給我們這麼多的機會，是希望我們扮演好在他們心目中該演好的角色，如果再碰到多次拜訪不成的客戶，不用懷疑！感謝他的用心良苦吧！

★祕笈 79★創意銷售戲碼（十）贏得客戶的愧疚

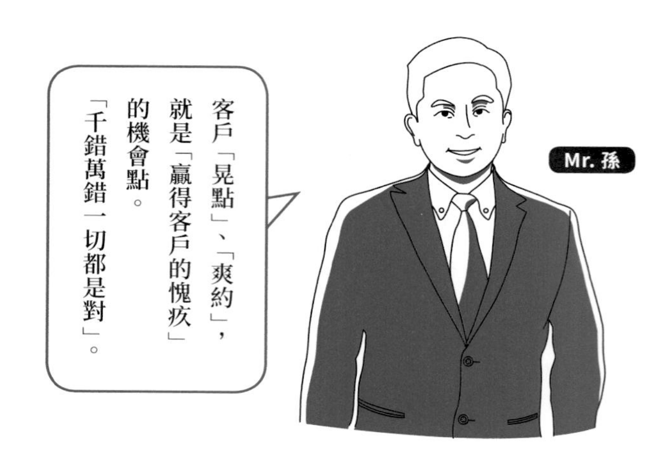

千錯萬錯，一切都是對

你有這樣的經驗嗎？好不容易陌生客戶願意接受我們的邀約，但到了約期當天不是客戶「晃點」、「爽約」，要不然就是再確認時又反悔！

如果你常被這樣的結局所苦，這個段落你就更要好好的揣摩，對你將來處理這樣的問題，一定有相當的幫助。

我常常覺得我們銷售夥伴中，有絕大部分都相當「古意」，明明好不容易陌生客戶在電話中接受我們的邀約（其實意願度並不高，對方也可能在家踩腳許久，責怪自己為何答應赴約），直到約期當天，或許都還心想勉為其難認命赴約，但最後往往我們可愛古錐的業務夥伴，一早就打電話來做確認動作，說著：
「劉小姐！我們今天 12 點有約，您還記得吧？」

「天真可愛，卻得不到老天爺的關愛」
我們確認電話的詢問本來應該是一種禮貌，卻不知不覺中幫客戶解套了，對方很容易就可以順著你的話輕鬆說著：

「啊！孫先生！不好意思！我正想打電話給你，今天中午公司突然有事，沒有辦法過去，真是抱歉！」

你認為真的這麼巧他正要打電話給你嗎？你認為再約訪的機率高嗎？所以這樣的確認電話，在陌生開發其實是沒有必要的，簡直是自埋陷阱、自投羅網。

約訪確認　等於「等待拒絕」

約訪當日請勿確認，甚至於當日早上不輕易接聽電話，是陌生邀約非常重要的認知，就算客戶爽約我們都還有棋可下。

如果客戶真的爽約沒來，等到事後約 2 小時，我們再主動打電話給對方時，
可說道：
「劉小姐，今天中午 12 點我們有約，您好像忘記了是嗎？都是我不對，忘記應該先主動跟您先確認時間，才害您失約！真是對不起您！這樣好不好，明天中午同樣的時間，同樣的地點，我把本來今天準備的資料，再一併帶來給您好嗎？真是抱歉不好意思！」
讓對方都搞迷糊了，到底是你錯還是他錯，而產生內心愧疚。

「晃點」、「爽約」反而給我們機會

這番話只要口吻運用得好，比拜訪二、三次更具效用，而且目的行為說得更清楚，客戶想要用應付的心態就更加難上加難。千錯萬錯都是我的錯，只要能有效把客戶約出來，會有效給予拜訪機會，屢試不爽，千錯萬錯一切都是對。

★祕笈 80★創意銷售戲碼（十一）「頭痛」的原因

自身感受，壯大銷售動力

李叔從公家機關退休下來，60 幾歲不算什麼大歲數，但肝功能不好，血壓也有些偏高，想要運動又覺得自己沒體力，身體總是這裡不舒服，那裡不愉快。有一次透過老同事的女兒介紹，吃了一些保健食品，不到半年，肝功能、血壓都維持在正常指數，精神有了改善，也有體力運動強身，整個人可用「脫胎換骨」形容是再恰當不過的了。

李叔有了這樣的改變，他就不藏私的將他使用保健食品的經驗，分享給他周遭年齡相近的朋友，同事的女兒見他如此熱心，就鼓勵他從事保健食品的銷售事業，由於自己就是成功見證，就一口答應，誰知，或許有佣金可拿，跟朋友講起話來反而彆扭不自然，因此他為該不該從事這份銷售事業苦惱著……

讓「專家」背書

正當想放棄時，李叔想到一個不錯的銷售族群對象，讓他不但銷售得好，日後業績更是名列前茅，更重要的是他的銷售通路（夥伴）沒有人比他們更專業，更能夠讓大眾對他們信服。他盡找一些醫師、藥師（相信是銷售者都想成交的對象），他是如何說服他們，讓他們把保健食品分享出去的呢？

剛開始拜訪醫師、藥師，李叔也常是碰了一鼻子灰，吃盡閉門羹，但李叔依舊堅持開發醫生族群的意念，有一天，他突如其來靈感創意……

「看醫生、看醫生，對！拜訪醫生這麼困難，我就直接看醫生吧！」

李叔嘴角雀躍喃喃著，似乎已經想到如何接近醫生的辦法，一切也就此有了反轉改變。

李叔走進一家診所看病，醫生問他哪裡不舒服，
他說：「醫生！我頭很痛。」
醫生檢查後，就開了藥，叫他回去多休息。
隔二天李叔又走進診所看病，醫生問他哪裡不舒服，
他又說：「醫生！我頭很痛。」，
醫生看了一下病歷，知道二天前他已經看過診，
於是說著：「我給您換個藥，多休息，多喝水，不會有事的。」
誰知又隔兩天，李叔又到診所報到，
醫生一看到李叔就直說著：「李……李先生（醫生都已經認識他了），您頭還痛嗎？來！快坐下來，我再徹底幫您檢查一下，如果查不出來，您一定要去大醫院徹底檢查，頭痛沒有痛這麼久的。」

就在醫生查不到病因而忙著檢查時，
李叔又說話了：「醫生，您不用檢查了，沒有用的，我頭很痛！
我是頭痛不知道該如何跟醫生您談我的保健食品啊！」

「這幾次看診都不知道該如何開口，耽誤您寶貴的時間又浪費了醫療資源，實在是不好意思！這兩次的藥我都帶回來了，真是抱歉！」

「這保健食品救了我和不少朋友，我希望幫助更多人，但是我沒有專業，我希望您能幫我了解產品，更希望透過您的專業幫助更多的人！醫生您能幫助我嗎？」

李叔的年紀加上真誠，感動了醫生，也介紹了幾位醫生，將產品有效的分享出去，幫助更多產品需求者。

★祕笈 81★創意銷售戲碼（十二）「靜靜等待」的魔力

陌生客戶開發已經不容易，好不容易讓我們拜訪了，又屢屢拒絕，你有沒有為這樣的客戶頭疼過？如果你的異議？問題都處理過後，甚至於拜訪五次（成交率最高的次數）以上，已經確認無法當下成交之客戶，他的購買意願是相當低的，其實你可以考慮暫時放棄，只是他不知如何拒絕你罷了！只希望你能夠知難而退。

但假使你確定對方是感性型客戶，我們乾脆就把死馬當活馬醫，建議你打一通電話給對方，取得他對你的正面承諾，你的電話可以這麼講：

「劉小姐，謝謝您給我這幾次機會，我知道我們的產品，劉小姐目前沒有迫切的需要，只是將來劉小姐有需要的話，您會主動聯絡我嗎？」

如果你是客戶，你有沒有瞬間解套的感覺，有沒有感覺我們在給客戶台階下，你認為客戶會怎麼回答？我可以告訴你標準答案絕對是：
「會啦！我有需要一定會主動找你的！」（你可以找幾個個案印證），更有甚者會告訴你，現在為什麼無法購買的真實理由。

取得承諾，長線釣魚

只要取得「我有需要一定會主動找你！」的正面承諾，我們就可以放長線釣魚，你就可以寄上一張小卡片，之後在一年四季的季節，再寄上溫馨恐嚇情的小卡片，內容可以這樣寫著：

「劉小姐您好！～您的一句主動聯絡，讓我充滿期待，
冥冥中似乎覺得您已經是我最優質的客戶，
雖不知何年何月才能付諸實現，
但我知道我現在唯一能做的就是『**靜靜等待**』。」

如果你是客戶，有沒有感受到**「靜靜等待」**的壓力，這樣還不夠，春天來了沒有反應，就再寫張春天的問候函，內容可以這樣寫著：

「劉小姐您好！

春暖花開、鳥語蟲鳴，又是新的一年的開始，讓我又想起您去年的那一句主動聯絡，心中仍抱持期待，雖不知何年何月才能付諸實現，但我知道我現在唯一能做的就是『**靜靜等待**』。」

夏天來了還是沒反應，就再寫張夏天的問候函，內容可以這樣寫著：

「劉小姐您好！

夏日炎炎、酷暑難耐，在睡不著的夜裡，讓我又想起您去年的那一句主動聯絡，心中仍抱持期待，雖不知何年何月才能付諸實現，但我知道我現在唯一能做的就是『**靜靜等待**』。」

秋天來了還是沒反應，就再寫張秋天的問候函，內容可以這樣寫著：

「劉小姐您好！

秋風瑟瑟、落葉寂寥，在感傷惆悵的午後，讓我又想起您去年的那一句主動聯絡，心中仍抱持期待，雖不知何年何月才能付諸實現，但我知道我現在唯一能做的就是『**靜靜等待**』。」

冬天來了還是沒反應，就再寫張冬天的問候函，內容可以這樣寫著：
「劉小姐您好！
　　冬寒撲襲、冷颼顫冽，在噓寒問暖的日子，讓我又想起您去年的那一句主動聯絡，心中仍抱持期待，雖不知何年何月才能付諸實現，但我知道我現在唯一能做的就是『**靜靜等待**』。」

如果你是客戶，長時間接到問候函，你會有什麼感覺？你又該如何反應？作者曾經透過這樣的方式，讓幾位客戶自己打電話過來說：

「孫先生！你不要再寄卡片來了！我當你客戶就是了，你們公司有沒有什麼便宜的商品？」

這時候我們必須正氣凜然的說：「劉小姐！不好意思！我嚇到您了嗎？因為您曾經說過，如果有需要一定會主動聯絡我，我想一個優秀的服務人員，如果連售前服務都做不好，又如何奢望他將來的售後服務呢？劉小姐！您說是嗎？不過沒想到反而嚇到您，真是對不起您！」

客戶聽到這席話，通常也都是啞巴吃黃連、有苦說不出，不過想想我們也沒有什麼不禮貌之處，而且只是盡服務人員應有的本分而已。如果都沒有理會，就讓他自然流失吧！因為他本來就是你死馬當活馬醫的客戶對象，不是嗎？

★祕笈 82★創意銷售戲碼（十三）銷售是讓客戶受罪也甘願！

人生如戲　戲如人生

二十多年前，香港監獄風雲電影系列正當大紅！

台灣有一位鬼才搞笑演藝天王，在台北市東區巷弄裡，還是地下室，開了一間頗具規模的監獄主題餐廳，這間餐廳為了達到主題逼真的效果，把餐廳的裝潢布置擺設，完全跟我們看到的電影場景，印象中是一個樣。

「好奇」是動機，「參與」是刺激

在當時，可以說是相當熱門轟動，筆者因為當時還算年輕，總在好奇、流行不能免俗的驅使下，成為花錢排長龍的先驅部隊，記得好不容易近一小時排到門口時，霎然看到門旁告示欄上寫著：

「本餐廳因配合監獄主題情境需求，服務人員（獄卒）態度會稍稍惡劣，如有不能接受之來賓，懇請勿入，以免怠慢失禮！敬請見諒！」

當我和朋友們看到告示說明後，不但不以為忤，反而更加雀躍，期待能趕緊進內用餐。

好不容易終於等到我們入內用餐，

一進門就被服務人員（獄卒）大聲的喊著：

「站好！你們是幾位？」

「一個人一個小黑板，寫上自己的名字，
等下我一個一個幫你們拍照。」
「拍照不准笑，坐牢這麼開心啊！」

嚇得我們只有乖乖的兩嘴緊抿，不敢多話，拍完照，就與朋友們四人一列魚貫進人餐廳，只見獄卒打開一扇鐵門，讓我們進入一間牢房（包廂），最後還把我們的牢房上鎖，口氣不悅的說著：
「待會要點餐的時候，用桌上的鐵碗敲幾聲，我就會過來點菜！」我們還開心犯賤似的回應：「是的！長官！」

過程的一切都是這麼新鮮好玩，讓人對這餐廳的印象不深刻也難，不過如今回想，我這何嘗不是「花錢找罪受」呢？

這就是這位藝人的創意本事，多少人總認為他油條滑頭，但不得不承認他真是個點子王，連開餐廳也是噱頭十足，明明知道我們有可能被整，卻還是難逃好奇心的驅動。

★ 祕笈 83 ★ 創意銷售戲碼(十四)讓客戶記得「成交紀念日」

「舊客戶」是業績供應源

頂尖的銷售高手，百分之七十的時間是用在服務舊客戶身上
（當然你一定要先成交相當比例的客戶），
剩餘的百分之三十的時間才是用在開發新客戶，
而且開發新客戶的比率還會逐年逐次的往下調修。

為什麼他們會如此調配自己的時間安排呢？
原因很簡單，因為他們非常了解，要汲汲經營一位對我們完全一無所知的陌生對象，
所要耗費的時間和精力，是可觀的！
還有最重要的是「成交率」，
遠遠拋於服務舊客戶所產生的再消費或轉介紹的產值之後，
所以服務舊客戶就是他們銷售的成功關鍵。

有一位頂尖的汽車銷售高手，他累積的客戶群裡，每個月平均總是會有三、四個舊客戶，
主動的推薦他給需要買車的朋友，而這些介紹來的新客戶，由於舊客戶口中的推崇，
大部分也都能快速成交。

他之所以會得到這麼多的舊客戶的支持，是他在乎每一個成交的客戶，
他曾經說：「每一次交車，總是先把車子裡裡外外打扮得乾乾淨淨，再面交給新車主，好像是自己要嫁女兒般的開心，又有些許不捨！但不捨的不是車子，而是客戶日後還會不會記得是誰為他服務的呢？」

產品有「生命」；關係就「綿密」

他每一次交車後，總會隨車帶著客戶到附近加油，一到加油站就會塞給加油員 500 元，說道：「95，500」，他接著會委婉的對客戶說：「今天是它（車子）的生日，第一次加油的機會留給我吧！ × 先生，今天是 × 年 × 月 × 日，我會記得它生日的！也謝謝您給我服務的機會！」
他如此的感性細心，哪個車主不會感動？
自己的車是如此被人關心著，
哪個車主不會心存感激？
而隔年的今天，捎來不曾遺忘的生日祝福！
你會欣賞這位銷車高手嗎？我相信如果你是他的客戶，你也會主動想幫他介紹客戶，因為他在沒有利害關係的售後服務中，依舊能感受到那份對客戶的「重視」。

要成為一位成功的銷售者，別只埋頭苦幹，汲汲創造新客戶，而忽略了舊客群裡最龐大的商機：「轉介紹市場」。

★祕笈 84★創意銷售戲碼（十五）好東西不會孤獨

「好東西不會孤獨，但你也要讓別人知道好東西在哪裡？」

老王原是台北市某巷口的一間小麵攤老板，標準的一個北方大漢，擁有道地手工北方麵食的好本領、尤其是老王最拿手的牛肉麵，牛肉大塊厚實卻能滑嫩噴香，麵條寬厚卻保有彈牙嚼勁 ，湯頭順口滑香卻不感油膩，香到不知停筷的滷菜更是他的招牌，真叫人一吃就上癮，想到就垂涎。

「門都沒有」的自信

他的東西公道實在，確實是好吃，一、二十年的生意看起來培養不少老主顧，但總覺得生意不應該僅此而已，直到有一年，他在路邊攤位上方掛了一塊招牌，

上面寫著**「門都沒有」**北方麵攤。

好一個「門都沒有」，路邊攤當然是沒有門，更可愛的是，他還在左右兩側寫著對句，

左批寫的是「裝潢我沒有」，
右批寫的是「老饕請入座」。

簡單明瞭卻帶有豪邁自信，他希望用逗趣的手法，吸引來往過路客，尤其是外地客，「不怕不識貨，就怕不嘗貨」，老王有著「就怕你不嘗，一嘗變主顧」自信的認知。

如果你是外地客，會不會好奇的花個小錢，嘗試「可能」難忘的美味？
如果你的答案是肯定的，那麼老王的創意行銷對你也是有效的。
相信你產品的優，除非對方不識貨；肯定你自己的專業絕對可以服人（不是唬人），除非對方為反對而反對。

只要自己站穩賣方的權威，許多隱性需求的買方就會自然出現，你也可能是下一個自信的老王！

★祕笈 85★創意銷售戲碼（十六）勇氣總在技巧前發生

「臉皮城牆化」、「腳程機械化」

你曾經有在街頭發傳單而被不耐拒絕的經驗嗎？
如果有，你是否有滿肚子苦水與無奈？如果沒有，
你是無法感受那種緊張和壓力。

直衝式的陌生開發，如果你沒有找對方法，找到對的對象，
你心臟真的要夠「大顆」、臉皮夠「城牆」、腳程夠「機械」，
否則你每天都會受傷，重點是你不一定因此就有成績，
久而久之，你會把陌生開發當成行銷懼途，你的努力，
換來如此結果，那才是真的叫做得不償失呢！

陌生市場的開拓，無論你使用任何的行銷方法，「勇氣」都是具備的第一要件，我常和夥伴們溝通，一個行銷人經營陌生開發，「勇氣總在技巧前發生」，沒有勇氣一切免談。勇氣可以透過精神灌輸、勇氣可以來自信心、勇氣可以經由外在經驗訓練；勇氣飽足，技巧不過就是執行的動作而已了。勇敢按鈴敲門，無視「拒絕推銷」告示牌的存在，因為「它」可能已經替你篩選掉大多數的競爭對手，頂多只是再多一次我們早已經習慣的拒絕而已。

選修打不死（系）

勇氣是可以被訓練，你可以不需擁有高學歷，但你一定要選修一門科系，那門科系就叫做「打不死（系）」，也就是練就面對陌生人的膽識和抗壓的能力，有行銷訓練單位直將行銷人員走出教室，拉至戶外，直接在街頭做膽識訓練，只是要循序漸進，從團體集中訓練，到小組相互支援訓練，如果可以，再進行放單的個人膽識訓練。

但培訓過程不能躁進，訓練單位必須要給予夥伴們完整的心理建設，但是就算到最後，絕對是有部分的學員，未來在實施作業上，還是不敢個人單飛陌生作業，但是在眾人壯膽的小組相互支援作業上，就容易上手挑戰，不再畏懼。

我曾經聽說有一個行銷公司的訓練主管，為了要培養陌生開發的領導主管，甚至把主管進階訓練直接拉到火車上，要求受訓學員在台北到新竹段的通勤列車上，找尋落單個體，直接以認錯人的方式進行 5 分鐘的面對面交談，才算過關。

人總是期望挑戰成功（目標），而成功的關鍵影響在經驗次數，履試經驗，習慣也就成自然了，膽識就有改善的空間。

★祕笈 86★創意銷售戲碼（十七）敦親睦鄰的策略

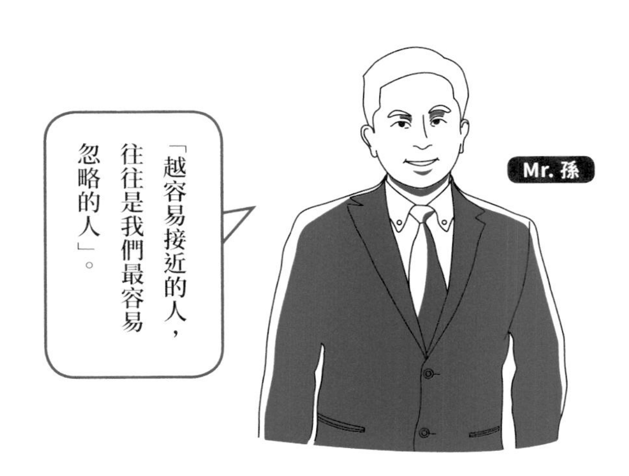

鎖定「近鄰」，創造「主顧」

十五年前我從板橋搬到三峽北大社區，在新房子裝修期間，有一次我開著車子從高速公路下三峽交流道時，發覺輪胎有點怪怪的，下車查看，原來輪胎扎了個釘子，只能放慢車速，循街找尋車行。

在離高速公路交流道不遠的巷口，找到一間修車廠，於是直接停進修車廠，一位中年大叔走了出來，禮貌招呼著：
「先生您好！有什麼需要我們服務的地方嗎？」
「喔！輪胎可能扎到釘子了！」
「沒關係！到休息室喝杯茶，很快就好了！」
十幾分鐘後，車胎補好了。
大叔親切問道：「外地人喔！好像沒見過你！」
我接著回：「我住板橋，我下個月就搬來三峽北大了！」
大叔開心的說著：「那我們就快是鄰居了喔！歡迎您搬到三峽。」
離開前我詢問修車費用，
大叔說著：「我們有緣，舉手之勞，不用啦！」
「如果不嫌棄我們黑手，以後可以過來泡茶聊天啊！」

我很慶幸還沒搬來就遇到「好人」，三峽真是個好地方。
理所當然十五年來我們成了好朋友，偶爾沒事會過去泡茶閒聊，當然我的車、公司車也都順理成章的請他保養，還推薦不少鄰居給他。

好玩的是有一次我在車行泡茶聊天時，一個熟悉的景象又出現～
一輛車胎扎釘的車駛進修理廠，老闆大叔很快就修好了，又是親切說著：「外地人喔！好像沒見過你！」對方接著回：「對！我住新店。」
對方接著詢問修車費用，
老闆回應：「150 元！謝謝您！」
我當下才恍然大悟，原來補胎是要錢的，只是我住三峽，他住新店的差別。

老闆是在鎖定社區客戶群（有效客戶），老闆在做的是「敦親睦鄰」行銷手法，我突然想，常來修車廠聊天泡茶的這些「朋友」，是不是都是「破胎」巧遇而來的！
要不是認識他十多年了！知道他的為人處事，我還真懷疑路上的釘子是不是他撒的呢？

★祕笈 87★創意銷售戲碼（十八）「人氣曝光，吉時開傘」

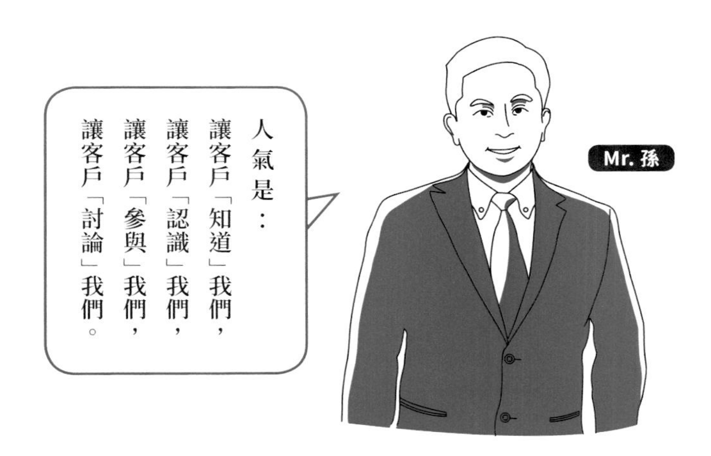

人氣重點在「曝光」

新店開張，重點在「熱鬧曝光」，重點在「廣告天下」。

一個店家經營是否成功，最基本的審查條件是：

「多少人知道你」、「多少人發現你」、「多少人討論你」，

這就是人氣。人氣就是如何產生最大的曝光效應，讓我們的店成為當下注目焦點，讓社會大眾知道本址開了什麼店，產生最簡單的「記憶連結」。

開店之初，「人氣」的重要性更甚於「買氣」，人氣旺的確不代表買氣佳，但是如果連「人的氣息」都沒了，豈不正是「門可羅雀」最真實的寫照。

「讓客戶知道我們」、「讓客戶認識我們」、

「讓客戶參與我們」、「讓客戶討論我們」。

就是「聚集人氣活動」的最高指導原則，

要熱鬧的讓人覺得好奇、要熱鬧的讓人覺得新鮮、

要熱鬧的讓人覺得好感、要熱鬧的讓人撿到好處、

要熱鬧的讓人感到興奮、要熱鬧的讓人駐足停留、

要熱鬧的讓人口耳相傳、要熱鬧的讓人留下記憶！

我曾經輔導一間仕女美容 Spa 館，隔月「新店開幕」，
請老闆娘為開幕做了幾項開幕熱鬧人氣之準備：
1、開幕茶會蛋糕點心
2、古箏美女現場演奏
3、左右鄰百家店面貴賓邀請函（含貴賓禮券）
4、現場排隊抽獎券（店面掛紅布條告知）
5、現場整點排隊禮（450 元高級洋傘二百把）、（店面掛紅布條告知）

@「左右鄰百家店面貴賓邀請函」的目的～
是以敦親睦鄰的理由，主動拜訪新鄰居店家和鄰里長，這比未來陌生拜訪來的理由更充分、更具正當性，透過百店拜訪，妳會碰到各種形形色色的老闆娘，有不想理人的、有講話投緣的、有歡迎我們當鄰居的。

最重要的是妳可能會找到「土地婆」，也就是找出有號召力、有影響力的在地店家，將來就是我們努力耕耘的「柱仔腳」，也是最佳的「轉介紹中心」。百來家的拜訪，就算僅有 30% 到場祝賀人數，也相當可觀。

這個動作我稱之為**「拜碼頭」，**
一來熟悉當地的市場動態資訊、二來快速融入當地市場氛圍、三來減少未來不必要的流言蜚語、四來快速找到可走動往來的姊妹淘

@「現場排隊抽獎券」的目的～
由多間上游廠商贊助提供，及自己準備的價值 10 萬多的多項抽獎品，其目的是炒熱現場氣氛，5 個萬元獎項加 30 個 2000 多元獎項。（廠商贊助產品外，自肥成本約 13000 多元）

@「現場整點排隊禮」的目的～

這是這場店面開幕的「曝光」重頭戲，也是營造大眾目光焦點之所在。所謂「內行看門道，外行看熱鬧」，主要目的除了創造熱鬧的氣氛外，

最重要的是「用創意」、「搞特殊」、「引好奇」、「吸目光」的曝光吸睛度，產生與店面連結的眾人「集體印象」效應。

該店的策略是「吉時開傘」策略，老闆娘以批價每把 185 元購得市價 400 元高級折疊洋傘共三百把，並在傘面印刷肖像及店名。
開幕當日，免費提供二百把，以定時領傘，擇吉時唸疏文統一開傘，二百把洋傘瞬間齊開，短短的 1 分鐘，蔚為壯觀，吸引路人大多目光，也讓許多人對二年多前該店的開幕景象印象深刻。

★祕笈 88★創意銷售戲碼（十九）董事長叔叔

敢做就有機會，敢想就有方向

中平是保險經紀人，想鎖定企業老闆為保單銷售開發對象，但沒管道又沒人脈，苦惱不知從何著手！
請教主管，給的建議是要他務實，不要異想天開，一步一腳印，老天爺會給機會的！
中平表面點頭接受，內心反而更激起「我一定要做給你看」的衝動！

後來透過證券公司朋友，拿到上市公司的相關資料，端視背景及直覺好感度，最終鎖定約七十家上市公司老闆為開發對象。

中平當然知道打電話開發或直接拜訪，根本是癡人妄想，
所以中平決定用心親筆手寫滿五張信紙的開發信給這鎖定的七十位老闆們。
他對書寫內容情感的挑動充滿自信，重點是要老闆能看到他的信。
中平深知他所面對的第一道難題是～
「如何通過特助秘書的審核阻擋，交付到老闆手中」，
中平心想，只要通過這一關，應該就會「海闊天空」。
經過幾天的左思右想，反覆思考，最後思考出大膽的想法！

就在「信封上下功夫」，或者也可說是在信封上動手腳吧！
目的就是讓過濾信件的特助秘書們，不敢主動篩檢拆解淘汰！

中平的方法是在收件人的稱謂上「下功夫」。
他把原本收件人處該寫的
「劉　董事長　光華　先生　親啟」改成「劉光華　叔叔　親啟」，
寄件人下方更註明「侄兒　中平　寄」。

試想如果你是過濾信件的特助秘書，心裡是否多了一層顧忌，
就算心裡有所懷疑，是不是也想詢問董事長一句：
「董事長！您是不是有一位名叫中平的侄兒？他寄了一封信給您！」而董事長收到這封厚重的信，可能回應是：「中平？侄兒？有嗎？拿給我看看！」

其實這樣的行為是有些不厚道，甚至欺瞞詐騙之嫌，如果董事長們拆信後覺得有被詐騙玩弄之嫌，豈不適得其反！
所以信中的開頭請罪就極為重要！中平的開頭段落是這樣寫著：

劉董事長　閣下　金安：
當您打開信時，請您先不要動怒，我是 XX 保險經紀旗下的一名業務員，原諒我不懂分寸的以叔侄身分直呼您的名諱，心知有欺瞞詐騙之嫌，但您是商界聞人，日理萬機，舉凡瑣事庶務皆有專人打理，倘若以我不見經傳的小輩之名，豈有機會登先生風雅之堂。

若因此得以先生過目，實為晚生三生有幸，即使受先生責難，晚生當甘之如飴，只怕我資質愚昧，自以爲是的作法，終又石沉大海，了無音訊，無論此信是否有幸呈現在您眼前，希望先生都能原諒晚生不敬之舉為盼！

就是這樣的推演預判，中平用七個月的時間，每個月以十封開發信的量，分批寄出（因為他樂觀擔心寄件太多，怕時間運作上可能應付不來）。
而七十封寄出後的一年間，中平共接到十四封回函，信中有嘉勉、有鼓勵、也有責罵。
最終只成交三張保單，雖是鼓勵捧場性質為重，但這三張保單的總和，足以超過三年多來壽險生涯業績總和！

有想法、有創意、有靈感，就要付諸執行。

還是開頭的幾句話！

敢想就有方向，敢做就有機會，只要不踰矩，瘋狂又何嘗不可！

Top Sales 的 88 個銷售祕笈 & 57 個圖解行銷

作　　者　孫永堯

出版發行　孫老師行銷講堂

電　　話　02-8970-5518

地　　址　新北市樹林區學勤路 288 號 8 樓

電子郵件　atc325@yahoo.com.tw

總 經 銷　白象文化事業有限公司

電　　話　04-2220-8589

地　　址　台中市東區和平街 228 巷 44 號

設計印製　紫晶數位有限公司

電　　話　02-2963-0668

地　　址　新北市板橋區新民街 7 巷 7 號 2 樓

定　　價　新台幣三百八十元

出版日期　二〇二〇年十一月初版

ＩＳＢＮ　978-986-99674-0-2

孫老師行銷講堂

國家圖書館出版品預行編目 (CIP) 資料

TOP SALES的88個銷售秘笈&57個圖解行銷 / 孫永堯
作. -- 初版. -- 新北市 : 孫老師行銷講堂,
2020.11
面 ; 公分
ISBN 978-986-99674-0-2(平裝)

1.銷售 2.行銷策略

496.5　　　　109016587